# 干旱绿洲灌区滴灌核桃调亏灌溉技术研究

赵经华　马英杰　刘锋　陈刚　洪明 等 著

中国水利水电出版社
www.waterpub.com.cn
·北京·

# 内 容 提 要

本书主要内容包括调亏灌溉下滴灌核桃园土壤温度和土壤水分研究、调亏灌溉下滴灌核桃树光合特性研究、调亏灌溉对滴灌核桃树生理指标及产量的影响研究、调亏灌溉下滴灌核桃根系分布特征及根系吸水研究等内容。

本书可为新疆乃至西北内陆干旱区的林果灌溉问题、林果高效用水技术及策略、节水灌溉工程规划设计等研究提供借鉴和参考，也可供大专院校和科研单位相关专业科研、教学，以及水利、农业等相关单位从事灌溉工程及管理工作的人员参考。

## 图书在版编目（ＣＩＰ）数据

干旱绿洲灌区滴灌核桃调亏灌溉技术研究 ／ 赵经华等著. -- 北京 ： 中国水利水电出版社，2024.7
ISBN 978-7-5226-2358-0

Ⅰ．①干… Ⅱ．①赵… Ⅲ．①干旱区－绿洲－灌区－核桃－果树园艺－滴灌－研究 Ⅳ．①S664.1②S275.6

中国国家版本馆CIP数据核字(2024)第091961号

| 书　　名 | 干旱绿洲灌区滴灌核桃调亏灌溉技术研究<br>GANHAN LÜZHOU GUANQU DIGUAN HETAO<br>TIAOKUI GUANGAI JISHU YANJIU |
|---|---|
| 作　　者 | 赵经华　马英杰　刘　锋　陈　刚　洪　明　等著 |
| 出版发行 | 中国水利水电出版社<br>（北京市海淀区玉渊潭南路1号D座　100038）<br>网址：www.waterpub.com.cn<br>E-mail：sales@mwr.gov.cn<br>电话：（010）68545888（营销中心） |
| 经　　售 | 北京科水图书销售有限公司<br>电话：（010）68545874、63202643<br>全国各地新华书店和相关出版物销售网点 |
| 排　　版 | 中国水利水电出版社微机排版中心 |
| 印　　刷 | 天津嘉恒印务有限公司 |
| 规　　格 | 170mm×240mm　16开本　9.25印张　181千字 |
| 版　　次 | 2024年7月第1版　2024年7月第1次印刷 |
| 定　　价 | 49.00元 |

# 前　　言

　　水是农业的生命线，有效的水资源管理对农业至关重要。农业是应用淡水资源的主体之一，大约有70％的淡水资源应用于农业灌溉。随着社会的进步与发展，气候变化及人类活动使得水资源短缺问题日益凸显；为保证粮食安全，随着农业规模不断发展，农业灌溉也面临着巨大挑战。可持续的水资源利用务必要对水资源利用进行高效管理，维持水资源的供需平衡需要减少浪费，提高水资源利用效率。我国的水资源总量较大，但地域分布不均，且人均占有量较少，据2020年统计仅有2100m³，不到世界人均占有量的28％，农业用水中也因存在管理不善、渗漏、蒸发等原因使得农业用水利用率较低，灌溉水利用系数为0.568，而世界最高水平可达到0.87，两者还有很大的差距，可见我国发展节水潜力的空间还很大。新疆多年来发展节水灌溉技术，从农业灌溉基础设施建设、滴灌推广、膜下滴灌应用、水肥施用、灌溉管理等多方面着手，提升农业水资源利用效率，提升作物品质及产量。总之，提质增效、节能低耗是新疆农业发展的目标。新疆的林果种植是除了粮食作物外，农业发展的重点产业之一，调亏灌溉是林果高效节水灌溉的技术手段之一。调亏灌溉是一种有效利用作物生理功能节水的灌溉方法，指在作物特定的生长发育阶段进行水分胁迫，从而影响作物的生理和生化过程，改变其光合产物在营养器官和生殖器官之间的分配比例，达到节水和提高水分利用效率的灌溉方式。在不同作物上应用调亏灌溉，既提高了水分利用效率，又提高了经济效益。

　　新疆地处我国西部边陲地区，降水量小，蒸发量大，尤为匮乏的水资源阻碍了新疆农业整体的提升与发展，灌溉型荒漠绿洲农业是新疆农业主要的生产方式。新疆全年干旱少雨，水资源主要来源于冰川融水、人工水库蓄水和河流湖泊的流淌以及地下渗水，其分布呈现出

"北多南少、西多东少"的特征，因而解决新疆南疆地区农业水资源匮乏问题尤为重要。南疆地区地势较低，海拔也相对较低，气候较干燥，夏季炎热，冬季寒冷，昼夜温差大，这种地理和气候条件适于林果的生长。截至 2020 年年底，新疆地区林果种植面积达到 158.7 万 hm²，其中核桃的种植面积达到 41.42 万 hm²，核桃产量达到 115.02 万 t，并且主要集中在南疆地区。核桃具有较强的适应性，核桃树的根系深入土壤，可以从深层土壤中吸收水分和营养，因此能够适应南疆地区干旱的环境。核桃作为南疆地区主要的经济作物之一，为当地的经济发展及农民增收提供了有力支撑。核桃高产高质是提升其经济价值的前提，而高产高质需要拥有适宜的水肥，但南疆地区水资源匮乏，故在保证生长和产量的前提下提高水分利用率是关键。因而，需大力发展南疆地区林果业高产高效节水灌溉技术及南疆地区农业水资源高效管理应用，保证林果产业在新疆地区特别是在南疆农村地区的长足发展，为南疆地区农业经济及水资源可持续提供支撑。

核桃又名胡桃，是胡桃科胡桃属的落叶乔木植物，是世界四大坚果之一。核桃是我国主要林果作物之一，其中新疆又是世界著名的优质核桃生产地。新疆气候条件适宜，土壤肥沃，日照充足，无污染，这些环境为核桃的生长提供了良好的条件，使其品质得到保证。新疆核桃具有肉厚、果仁饱满、味甜可口、营养丰富等特点，广受消费者的欢迎。其中，南疆核桃尤其有名，因为它的果仁肉质极佳、口感细腻，而且富含丰富的蛋白质、脂肪、维生素 E、维生素 B 族、矿物质锌和硒等营养物质，对人体健康有很多好处。同时，新疆核桃也被广泛用于烘焙、糕点制作和糖果加工等食品行业，丰富了食品种类，增加了食品的口感和营养价值。随着市场需求的增加，南疆地区的核桃种植规模正在逐渐扩大，南疆地区的核桃种植业正面临着良好的发展机遇，但核桃灌溉用水短缺问题亟待解决。随着节水灌溉技术的应用推广，林果综合节水课题研究不断深入，核桃树调亏灌溉受到关注，调亏灌溉是针对作物某一生育期进行适量的缺水处理，从而节水增效。调亏灌溉在核桃稳产提质上的重要作用就助力新疆南疆核桃的产量和质量将不断提高，为当地农民带来更加丰厚的经济收益，并满足市场对于优质核桃的需求。

为提升南疆林果业农业水资源管理利用水平，本书以林果业稳产、节水、提质、增效为目标，选择新疆主要特色林果核桃树为对象，基于调亏灌溉模式，从节水增效方面考虑，采用调亏灌溉提高水分利用效率，即在核桃树的不同生育期，进行不同程度的调亏灌溉，研究不同生育阶段调亏程度对核桃树营养生长及果实生长的影响，制定节水、优质、高产的核桃灌溉制度，提高核桃产量及水分利用效率，为南疆滴灌核桃树应用调亏灌溉提供科学的理论依据，并为新疆林果业持续发展提供技术支撑。通过示范与推广，南疆核桃的发展将促进当地农业的可持续发展和乡村经济的繁荣。

全书共分为7章，主要内容是作者在新疆阿克苏地区开展核桃高效节水与灌溉制度试验研究、技术示范和推广应用的成果总结。第1章介绍了干旱绿洲区滴灌核桃树高效利用及调亏灌溉制度的研究意义、国内外研究基本现状以及研究的主要内容等。第2章主要是对试验区概况、试验设计、观测内容与方法的介绍。第3章主要介绍了调亏灌溉下滴灌核桃园土壤温度和土壤水分研究。第4章主要介绍了调亏灌溉下滴灌核桃树光合特性研究。第5章主要介绍了调亏灌溉对滴灌核桃树生理指标及产量的影响研究。第6章主要介绍了调亏灌溉下滴灌核桃根系分布特征及根系吸水研究。第7章主要介绍了目前的研究结论及建议。

本书主要编写单位有新疆农业大学、克拉玛依绿成农业开发有限责任公司、新疆维吾尔自治区水土保持生态环境监测总站、新疆和布克赛尔县水利局、新疆绿疆源生态工程有限责任公司。各章撰写分工如下：第1章由赵经华、马英杰撰写；第2章由马英杰、刘锋、洪明撰写；第3章由赵经华、庞毅撰写；第4章由赵经华、洪明撰写；第5章由杨庭瑞、陈刚、杨继革撰写；第6章由赵经华、王福撰写；第7章由赵经华、杨庭瑞、孟新梅撰写。本书由赵经华整理统稿，杨庭瑞、常子康、徐静波、强薇、张纪圆、刘钧庆等在资料收集整理和编排等方面做了大量的具体工作。

在本书编写过程中参阅、借鉴和引用了许多核桃、红枣等果树高效利用及灌溉制度研究方面的论文、专著、教材和其他相关资料，在此向各位作者表示衷心感谢。

由于作者水平有限，书中难免存在谬误和不足，恳请读者批评指正。

赵经华

2023 年 11 月

# 目　　录

# 第1章 绪 论

## 1.1 研究背景与意义

水是农业与经济发展的命脉。进入 21 世纪以来，全球水资源量越来越少，成为制约经济社会可持续发展的主要瓶颈[1]，并成为世界关注的主要问题。据有关部门统计，我国的淡水资源总量为 28000 亿 $m^3$，占全球淡水资源总储量的 6%，名列世界第六位。统计学研究表明，我国人口预计将在 2030 年达到 16 亿左右。以现有水资源存储量计算人均水资源量，结果不容乐观，将逼近目前国际上公认的严重缺水警戒线 $1700m^3$，因此节约用水势在必行。我国的水资源总量较大，但地域分布不均，人均较少，据 2020 年统计仅有 $2100m^3$，不到世界人均占有量的 28%，其中 60% 以上是农业用水[2]。我国作为人口大国，用占世界 9% 的耕地、6% 的淡水资源供给了全球 21% 的人口，可见农业灌溉发挥着至关重要的作用。我国农业灌溉用水中约有 50% 的水灌不到农田中，由管理不善、渗漏、蒸发等原因引起水量损失，灌溉水利用系数为 0.5 左右，而世界最高水平可达到 0.87，两者还有很大的差距[3]；平均灌溉水生产效率为 $0.8kg/m^3$，同样与世界最高水平的 $2.0kg/m^3$ 还有很大的差距[4]。可见我国发展节水潜力的空间还很大。若现在我国的灌溉水利用系数再提高 10%～20%，则每年至少可节约灌溉用水 350 亿～700 亿 $m^3$，同时还可以提高灌水效率[5]。由于新疆是典型的灌溉农业，农业用水占总水量的 93%，同时又面临着用水超载和用水结构不合理的问题[6]，因此推广节水灌溉是必不可少的，也是农业发展的重中之重。2019 年，全疆用水总量为 554.43 亿 $m^3$，其中农业用水量高达 511.75 亿 $m^3$，占全疆用水总量的 92.3%，由于南疆地区水资源季节性缺乏现象突出，需水关键期与南疆天然降水时期不匹配的农作物，就只好依靠农业用水进行灌溉。而南疆地区灌溉方式不区分作物种类，均以大水漫灌方式为主，导致渗透、径流水资源浪费严重。研究新疆农业发展中用水紧张的现状，加强农民节约用水意识，调整优化新疆产业用水结构，降低农业灌溉用水量可以缓解区域灌溉用水增加导致的生态环境污染和水资源短缺，是可以促进农民实现增收减支的高效用水重要方式[7]。

在我国农耕文化发展史中，水资源一直演绎着它多姿多彩的角色，它不仅是人类生存的命脉，也是从古至今经济与农业发展的命脉。换句话说，没有水，就没有人类社会的传承与发展。除此以外，水资源是影响植物生理生长和生殖生长的重要外部因素之一，是限制植物在自然界中的分布与空间存活密度的决定性因素[8]。俗话说"有收没收在于水"，作物没有得到足够的水分，直接影响的不是作物是否有收获，而是作物是否能够成活。因此，水对于作物而言，就是它的生命源泉。

新疆地处欧亚大陆腹地，全年干旱少雨，水资源主要来源于冰川融水、人工水库蓄水和河流湖泊的流淌以及地下渗水[9]，其分布呈现出"北多南少、西多东少"的特征，在水资源极度匮乏的情况下，有 90% 以上的水资源用于农业用水。因此，制定合理的灌溉制度，提高水资源的利用率，可以显著降低水资源短缺对新疆农业、经济可持续发展的影响[10]。

调亏灌溉是一种有效利用作物生理功能节水的灌溉方法，指在作物特定的生长发育阶段进行水分胁迫，从而影响作物的生理和生化过程，改变其光合产物在营养器官和生殖器官之间的分配比例，达到节水和提高水分利用效率的灌溉方式[11]。在不同作物上应用调亏灌溉，既提高了水分利用效率，又提高了经济效益。如库尔勒香梨在果实细胞分裂期进行适当的调亏灌溉，使得夏季果树剪枝量有所减少[12]；膜下滴灌种植马铃薯，在块茎形成期进行轻度调亏灌溉，水分利用效率提高且产量不变[13]；在梨枣树果实成熟期重度调亏灌溉，明显改善果实品质并提高水分利用效率[14]。

新疆地区作为水资源严重短缺省份[15]，其水资源季节性分布不均、气候相对干旱、降水稀少、耕地质量不高、土壤质地偏沙，属于典型的灌溉农业。长期发展以来，新疆农业用水效率并不高，2022 年新疆的综合灌溉水利用系数为0.573，用水量也相对偏大，水资源浪费现象更为突出。截至 2020 年年底，新疆地区林果种植面积达到 158.7 万 $hm^2$，其中核桃的种植面积达到 41.42 万 $hm^2$，核桃产量达到 115.02 万 t，并且主要集中在环塔里木盆地地区，主要灌溉方式为漫灌和畦灌；南疆环塔里木盆地将成为中国重要的核桃生产、加工和出口基地[16]，核桃种植成为当地农民的主要经济来源。核桃树是南疆地区特色林果业的核心树种之一[17]，其中和田、喀什、阿克苏的种植面积现已达到 28 万 $hm^2$（420.31 万亩）[18]。但上述地区灌溉方式以漫灌为主，水分利用效率低下，急需制定合理的灌溉制度，提高核桃树的水分利用效率。获得高产的前提就是拥有充足的水肥，但南疆水资源尤为匮乏，因此在保证正常生长和产量的前提下提高水分利用效率是关键。调亏灌溉是一种国内外比较关注的技术，针对作物某一生育期进行适量的缺水，从而节约用水。调亏灌溉是一种新型有效的节水灌溉技术，该技术自从提出并且应用实践以来，从经济和生态效益层面，发挥出潜在的利用价值，显示出了广阔的应用前景。研究我国干旱半干旱缺水地区调亏灌溉下植物水分机理和植物生长生理等指标，对于提高果实产量和品质，改善生态环境，合理利用水资源，充分发挥节水灌溉在现代农业中的作用都具有重要意义。调亏灌溉是目前节水灌溉中重要的节水技术之一，该技术虽然操作简单，但是不同种类果树的生长发育状况具有特异性，目前来说研究成果并不能够支撑不同类型果树品种节水灌溉的应用。我国调亏灌溉技术研究起步阶段相对较晚，尚缺乏系统性和深入性的理论指导。本研究就是采用调亏灌溉在核桃生长发育的某些阶段施加水分亏缺，达到节水高效高产和提高水分利用效率的目的。因此，本书通过大田试验，分析调亏灌溉下滴灌核桃不同生育期的光合特性、耗水量及水分利用效率，明确水分亏缺对核桃产量和生理形态的影响及根系分布情况，对南疆核桃节水高产栽培具有重要意义。

## 1.2　国内外研究现状

### 1.2.1　调亏灌溉理论基础

1. 根冠通信理论

已有研究表明，植物在土壤干旱时会发生各种生理生化和形态变化：随干旱胁迫加剧，叶片气孔关闭、光合速率下降，体内的激素、可溶性物质含量也随之变化，形态上表现为生长受到显著抑制。植物在体内水分状况发生变化之前，地下部分已经对周围环境进行探索，并把详细结果告知地上部分，地上部分针对土壤干旱做出明确的协同调节反应，这种反应几乎与土壤的水分亏缺效应同时发生[19]。因此，当植物周围土体内的土壤水分出现下降时，植物能够通过根系感知周围土壤环境内土壤水分详细状况，并以某种方式，将该信息传递给地上部分，地上部分通过化学物质及能量分配等对植株生长进行全方位的调节。经过多年研究，现阶段学者们已经普遍认可了植物叶片的气孔导度在一定程度上受植物生存环境周围土壤含水率控制主要是利用根系细胞产生化学信号，通过导管运输给植物各个器官而后进行调节，而不是过去普遍认为的主要由叶水势影响的这一观点[20]。Davies et al.[21]通过长期试验发现：植物根系可以感知土壤水分变化情况，并通过导管将该信息传给地上部分的植物各个器官，诱导气孔发生相应的变化，最终把该过程命名为"根冠通信理论"。即当土壤水分发生不利于作物生长的变化时，根系能感知并输出多种化学信号物质传递给地上部分，这些信号以电化学波或某种化学物质的形式从受影响的细胞中产生，并输出给作用部位[22]。

2. 生长冗余理论

冗余理论（redundancy theory）是在20世纪90年代以后由众多学者逐渐研究并发展出来的生态学的一个重要分支[23]。盛承发[24]在前人的基础上进一步研究，最终提出了作物生长冗余的概念，即在作物生长中，如营养器官或生殖器官异常过多、过大，或者生育期异常延长均称之为冗余。截至目前，研究者普遍认可的生长冗余理论（growth redundancy theory）是指植物有机体在正常的生长发育过程中形成了除自身正常生命活动以外的其他多余和额外部分。它们对植物有机体本身无较大影响，也非必不可少。去除掉这些多余部分，作物本身的生长发育没有受到较大影响，这些多余的部分称为生长冗余[25]。生长冗余理论认为作物在正常的生长发育过程中，生殖器官、营养器官，甚至细胞组分和部分基因结构等均存在着大量的冗余，这些冗余随着植物体内物质循环（养分、化学元素、水）的增加而不断增多。

近年来有关学者们提出了"作物最佳生长冗余度"假说[26-27]，认为作物生长冗余特性从本质上来讲，是生物在长期进化过程中为保证自身适应环境能力，提高自身或种内、种间竞争能力，降低因突发事件造成绝种等风险进行抵御的生态学对策法。然而，现阶段农作物所追求的是在有限的资源调配下，获得更多的经济效益，为此，必须减少在栽培条件下无端大量发生的生长冗余的现象。因为这种现象会过度消耗投入的资源，造成浪费，甚至出现减产等。因此，在一定的栽培管理条件下，应对其进行研究，寻找一个与最高产量相对应的合理生长冗余度，这一合理生长冗余度被定义为"最佳生长冗余度"[28]。目前，学者们试图对各种生长冗余现象做出定性和定量分析，探究其产生条件及其机理，以便在后续的农作物高产栽培中提供可供依据的理论基础及实践方向。

3. 水分亏缺生长补偿效应

近年来通过研究水分亏缺在不同植物条件下的影响发现，水分亏缺虽然会造成该时段作物生长受限，但经过复水后，作物发育会出现一定补偿效应，即作物受限后减少的部分，会由于水分增加而快速回升，最终与对照组相似甚至高于对照组水平。因此如果对水分亏缺的补偿效应运用得当，既会减少作物耗水量，又会对作物的生长发育及产量、品质等起到积极作用[29-30]。苏联科学家最早提出干旱锻炼理论，并通过试验证实干旱复水后植物光合速率会明显升高[31]，Wenkert et al.[32]首次把旱后复水引起的生长称为生长补偿，之后许多学者对小麦、玉米、马铃薯、高粱等作物的研究进一步证实了复水对作物生长的激发效应。

## 1.2.2 调亏灌溉发展现状及发展趋势

调亏灌溉（regulated deficit irrigation，RDI）又称为水分亏缺或调控亏水度灌溉，是在限制用水量或非充分灌溉层面上发展演变的一种新型灌水模式，该模式大大增加了灌溉水利用效率。调亏灌溉灌水模式是20世纪70年代中期澳大利亚维多利亚州农业灌溉研究所的科学家们，通过进行如何提高密植桃树果园产量的研究，首次提出并得到实际验证的一种灌溉新型节水模式。国内关于调亏灌溉模式的研究，开始于 1988 年雷廷武等[33]研究桃树调亏灌溉，1996 年康绍忠等[34]首先对大田作物调亏灌溉开展研究。国内调亏研究首先是针对果树开展的，后来才涉及大田作物的研究。目前，国内外关于调亏灌溉方面的研究，在果树栽培及农作物研究方面较为充分[35-37]。为缓解辽宁省西北地区水资源短缺问题，解决水分亏缺对花生生产带来的负面影响，夏桂敏等[38]在花生花针与结荚两个生育期对产量和水分利用效率两方面进行综合分析，最终得出连续适度的水分调亏处理会更加适合辽宁省西北地区严峻的节水灌溉形势。虎胆·吐马尔白等[39]以得到新疆核桃滴灌优化制度为目标，采用 Hydrus - 2D 模型与寻优模型相结合的形式，最终推荐新疆干旱区核桃滴灌制度为灌水定额 35mm、灌溉 11 次、灌水周期 9d、灌溉定额 385mm，或者灌水定额 50mm、灌溉 7 次、灌水周期 14d、灌溉定额 350mm，采用以上两种灌溉优化制度，可最大限度减少农田水分损失和提高灌溉水利用效率。

　　未来调亏灌溉应用发展趋向可分为 3 点：①为了更好地提高水资源的利用效率，在稳产增产的前提下保障农作物的生长生理增长需求，高效地进行农田水利灌溉，就需要清楚地了解调亏灌溉的机理，实施不同类别的作物水分亏缺各个指标评价制度体系，从而达到节水的效果。②利用"星机地"结合的多元监测手段进行多维度监测，传统手段通过大田试验、室内试验获取数据的时效性较差，收集大尺度数据比较困难，无人机、卫星遥感等现代科技信息技术加上地面指标数据检测，并结合区域模型进行数据分析，是科研工作者接下来的研究热点和必然发展趋势。③通过单一学科对调亏灌溉技术开展研究工作存在一定的局限性，其涉及多方面因素的影响，应该在多学科多领域进行调亏灌溉的研究，应当通过调亏进一步开展对其不同种类作物的内在调节机制研究，或者通过水分亏缺试验进一步探究，在保证促进植物生殖增长和抑制其营养增长前提下进行人为干涉，以获得更加高效的灌水制度[40]。

### 1.2.3　调亏灌溉对核桃树生长生理特征及产量的影响研究

　　调亏灌溉对植株的生长指标（如株高、茎粗、根系、干物质量等）和生理指标（如净光合速率、蒸腾速率、气孔导度及胞间 $CO_2$ 浓度等）都要产生一系列的影响[41]。涌泉根灌条件下不同生育期施加调亏灌溉，苹果树的春梢降低 18.4%～40.9%，萌芽展叶期和开花坐果期的春梢长度对土壤含水率的多少较为敏感；各个亏水处理的苹果体积降低了 19.77%～53.55%，果实膨大期亏水对果实体积的影响较大[42]。张正红[43]研究发现调亏灌溉促进设施葡萄茎粗和株高的生长，均大于对照处理，其中萌芽期调亏增加幅度最大，果实膨大期的叶面积指数最大；黄学春[44]研究发现调亏灌溉抑制设施葡萄果穗、果实纵径、横径和单果质量。棉花花铃前期亏水显著降低了棉花的株高与叶面积指数，蕾期和花铃后期亏水无显著差异[45]。随着干旱胁迫的加大，番茄的株高、茎粗和叶面积指数呈下降趋势，叶片的气孔长度、宽度和开度也降低[46]。在膜下滴灌辣椒的苗期和开花坐果期施加不同程度的亏水，株高降低了 $5.04 \sim 18.00 cm$，茎粗降低了 $0.60 \sim 2.78 mm$，叶面积指数降低了 $0.022 \sim 0.202$，随着亏水的加剧降低幅度加大[47]。盆栽金桔停水两周后发现中度调亏叶片水势明显下降，光合指标也显著降低，复水后成花率最高达到 $50\%$，同时有效地改变了金桔的枝生长阶段[48]。如今许多学者对番茄[49-50]、棉花[51]、枣树[52]、马铃薯[53]等作物的研究进一步证实了复水对作物生长的激发效应。丁端锋[54]研究表明：玉米在长时间经受水分胁迫后会影响植株发育。Acevedo et al.[55]研究认为补偿效应是作物对环境适应的一种生存方式，用以减少外界环境对植株生长发育的影响。王密侠等[56]对玉米进行了不同水分梯度的调亏灌溉，结果表明玉米早苗期进行不同水分亏缺后，在拔节期进行复水，玉米叶面积、株高、干物质等生理指标均有不同程度的提高，且该方法可以提高玉米抗旱能力与水分利用效率，改善作物品质等。孟兆江等[57]以冬小麦为试验材料，利用防雨棚和桶栽土培方法减少外界环境干扰，采取调亏灌溉分析水分亏缺对植物器官等的影响。结果表明不同调亏阶段和不同调亏程度均会产生不同的影响，且影响程度与作物需水强度和调亏程度有关，当植株进行复水后，其根系显示出明显的"补偿生长效应"或"超补偿生长效应"。周罕觅等[58]发现不同水肥耦合处理下苹果幼树各生育期植株生长量、叶面积和干物质量最大值均出现在 $F_1W_2$ 处理（灌水处理为田间持水量的 $65\% \sim 80\%$，施肥处理为 N、$P_2O_5$、$K_2O$，与风干土质量比分别为 0.9g/kg、0.3g/kg、0.3g/kg），最小值均出现在 $F_3W_4$ 处理（灌水处理为田间持水量的 $45\% \sim 60\%$，施肥处理为 N、$P_2O_5$、$K_2O$，与风干土质量比分别为 0.3g/kg、0.3g/kg、0.3g/kg），$F_1W_2$ 处理植株生长量和叶面积在萌芽开花期、新梢生长期、坐果膨大期和成熟期较 $F_1W_1$ 处理（灌水处理为田间持水量的 $75\% \sim 90\%$，施肥处理为 N、$P_2O_5$、$K_2O$，与风干土质量比分别为 0.9g/kg、0.3g/kg、0.3g/kg）分别增加了 $6.9\%$、$6.2\%$、$11.0\%$、$2.7\%$ 和 $9.3\%$、$5.8\%$、$5.0\%$、$3.3\%$，生长指标一定程度上可以反映作物的生理特性，$F_1W_2$ 水肥处理为最佳的水肥耦合模式，是最佳的灌溉和施肥制度。张纪圆、赵经华、刘钧庆等[59-61]在作物的生长发育前期，对作物进行不同程度的水分亏缺，从而发现在开花坐果期进行轻度调亏，可以减少剪枝量及提高果实的产量。王东博等[62]设置了不同亏水-复水模式处理对冬小麦拔节期不同程度下的土壤含水率影响研究，设置为 $Y_1$（$55\% \sim 65\%$）$\theta_f$、$Y_2$（$65\% \sim 75\%$）$\theta_f$、$Y_3$（$75\% \sim 85\%$）$\theta_f$（$\theta_f$ 为田间持水量），$Y_1$、$Y_2$、$Y_3$ 各处理亏水 7d 然后复水 7d 后，与对照组 CK（$100\%$ $\theta_f$）相比，冬小麦株高分别提高了 $2.38\%$、$9.52\%$、$12.70\%$，叶绿素含量（$SPAD$）分别增长了 0.67%、2.51%、3.85%，发现亏水-复水处理后的冬小麦表现出明显的生长补偿效应；纵向和自身相比，$Y_3$ 处理复水 7d 后较亏水 7d 刚结束时株高、叶绿素、净光合速率等增长最多，从而得出 $Y_3$ 为节水稳产适宜亏水模式。武阳等[63]研究滴灌调亏时间及土壤水分亏缺程度对树龄 24a 的成龄库尔勒香梨果树生长及产量的影响，分析表明细胞分裂期的土壤水分亏缺可有效地抑制库尔勒香梨树的营养生长，对香梨实施适时、适量的调亏灌溉可以增加产量，提高灌溉水利用效率。2009 年与 2010 年，细胞分裂期的重度调亏处理，分别增产 15.5% 和 19.2%，节水 9.7% 和 8.1%。果实缓慢膨大期的中度调亏，分别增产 14.0% 和 18.0%，节水 13.2% 和 11.3%。果实细胞分裂期及果实缓慢膨大期的灌水量为蒸发量的 40% 的调亏处理，分别节水 34.7% 和 28.4%，但产量减少了 15.4% 和 13.2%。冯泽洋等[64]研究了调亏灌溉对甜菜生长特性及产量和水分利用效率的影响，确定出在叶丛快速生长期和块根糖分增长期适宜的灌水量分别为 1147.78$m^3$/$hm^2$ 和 635.54$m^3$/$hm^2$。Acevedo-Opazo et al.[65]使用基于生理的灌溉调度方法实现了葡萄藤的精确灌溉，研究提出了一个合适的生理指标和阈值来管理葡萄藤的 RDI 和灌溉计划，以在温和的水分胁迫条件下获得最大的水分利用效率、最高的葡萄质量和产量。

吴晓茜等[66-67]研究黑花生在不同生育期和不同调亏程度下对干物质积累和分配、产量和水分利用效率（water use efficiency，WUE）的影响，发现调亏灌溉不影响花生的整体生长趋势，可抑制花生的冗余生长，促进根的生长，生育期结束时可显著增加根冠比，促进干物质向荚果转移。花生任何时期干旱均会降低叶片的光合性能，复水后产生补偿效应，光合性能恢复，并且这种补偿可延续到后续的生育期。研究得出花针期中度（$T_2$）处理、结荚期轻度（$T_4$）处理和饱果期中度（$T_8$）处理是沈阳地区黑花生节水、增产的最佳调亏水平。

光合作用是一个复杂的生理过程，受外界的影响也是最大的。当受到水分胁迫时，为了保证正常生长，叶片会自动调节气孔，从而减少蒸发。水分的多少是作物生长发育的影响因素，是光合作用和养分运输的重要媒介，最终影响着产量。对干旱区的红枣在果实膨大期进行水分亏缺发现光合特性随着亏水的加重而逐渐降低，其中净光合速率减少 10.51%～26.08%，气孔导度减少 12.03%～23.43%，蒸腾速率减少 9.62%～17.57%[68]。在干旱胁迫下，油茶的光合生理指标除了胞间 $CO_2$ 浓度，总体呈现上升趋势；净光合速率、蒸腾速率、气孔导度日均值随干旱胁迫程度的加剧逐渐下降[69]。沈媛媛[70]在研究盆栽和大田核桃树时发现在不同水分胁迫下，随着光强的增加，叶片的净光合速率、蒸腾速率和气孔导度也在增加，与胞间 $CO_2$ 浓度呈负相关。燕麦在不同生育期进行干旱胁迫，发现叶片净光合速率、胞间 $CO_2$ 浓度、气孔导度、蒸腾速率显著降低，复水后虽光合特性均有补偿作用但始终低于未进行干旱胁迫的处理[71]。

轻度水分亏缺使滴灌柑橘的叶片气孔导度和蒸腾速率显著降低，叶片气孔限制值随缺水程度的增加而加大[72]。水稻水分胁迫 150min，发现前 30min 内净光合速率快速降低，之后便缓慢降低，而气孔导度在 30～60min 内快速降低，其他时间则缓慢下降；胞间 $CO_2$ 浓度为先增大后减小的变化趋势[73]。桑树在干旱复水 5d 和 10d 后，光合速率分别为正常灌水处理的 106.25％ 和 116.13％[74]。Panigrahi et al.[75]对柑橘在各个生育周期内进行水分调亏试验，表明与正常灌水处理测得的叶片净光合速率值相比，增加了 $0.03\mu mol/(m^2 \cdot s)$。Chang et al.[76]通过对水分亏缺 14d 后的金钱橘进行研究工作，表明净光合速率（$Pn$）、蒸腾速率（$Tr$）、气孔导度（$Gs$）及胞间 $CO_2$ 浓度（$Ci$）光合特性指标均呈现降低的趋势。那扎凯提·托乎提等[77]研究 6a 生枣树，得出灌水定额为 30.0mm 时净光合速率最大，水分利用效率的增长速率达到最大值，水分利用效率均值也较高。为探究滴灌水分亏缺对南方季节性干旱区猕猴桃生育前期光合特性的调控效应，郑顺生等[78]在抽梢展叶期进行轻度亏缺，节水 15％ 的情况下使猕猴桃叶片净光合速率提高 4.2％。张效星等[79]揭示了滴灌猕猴桃果实膨大期高水处理、果实成熟期中水处理，会保持产量无明显下降，并节水 2.50％、11.62％（分别节水 156m³/hm²、726m³/hm²），具有较好的节水稳产效果。蔡倩等[80]研究玉米生育中期的水分胁迫，发现会不同程度地降低叶片叶绿素含量、净光合速率、蒸腾速率、气孔导度，增加了胞间 $CO_2$ 浓度，且下降或增加幅度随着胁迫程度的增加而增大。

调亏灌溉对作物生长和代谢的影响是多方面的，但是在所有的因素当中对光合作用的影响最大。光合作用是一个复杂的物理化学过程，在自然正常条件下受诸多内外因素限制。作物受到水分胁迫时，为减少蒸腾所散失的水分，就会自动调整气孔开度，主要是通过减小气孔口的方式来实现。气孔的减小使得叶肉胞间 $CO_2$ 浓度降低，光合作用原料供应不足，使光合作用和蒸腾作用都降低，这也是作物受到胁迫时通过气孔调节抗旱的重要机制。水分对光合作用的影响分为直接作用和间接作用两种，直接作用是指直接影响光合机构的结构和活性，而间接作用是通过影响植物体内的其他生理生化过程从而达到影响光合作用的目的[81]。前人关于水分胁迫对光合作用的影响研究主要集中在果树上，如在苹果[82]、梨[83]、葡萄[84]等许多果树上已有研究。研究结果表明：对这些果树进行短时间的轻度调亏灌溉会使一些光合过程和指标有缓慢下降的趋势，如光合过程和呼吸过程、蒸腾强度和气孔导度，气孔阻力增加，但解除胁迫后能恢复到之前的光合指标水平；而严重水分胁迫降低了果树叶肉细胞光合活力和叶片的蒸腾强度，使得上述指标急剧下降，解除胁迫后恢复时间延长或不能恢复[85-87]。李彪等[88]对冬小麦研究发现，光合作用受调亏灌溉的影响非常大，在其他植物上研究也发现同样的结果[89]，这是因为调亏灌溉使得 $CO_2$ 的吸收速率

和 $O_2$ 的释放速率降低。气孔开闭是整个植物对水分胁迫最敏感的一个指标，葡萄光合作用受调亏灌溉的影响主要有气孔和非气孔因素两个方面[90]。气孔因素是指作物受到水分胁迫时，气孔开度的减小使得 $CO_2$ 进入叶片阻力增大，从而导致光合作用原料供应不足，光合速率减小。非气孔因素是指对作物调亏时间太长并且调亏程度太重，导致合成光合酶的叶绿素和一些复合体含量减少，最终使叶绿体膜系统遭到破坏。由此可看出，作物在生长前期受到调亏灌溉时的表现主要是气孔因素的原因，而在生长后期光合速率下降，主要限制因子是非气孔因素。林植芳等[91]研究表明：水分胁迫下植物的净光合速率和气孔导度均会出现不同程度的下降，其主要原因是气孔关闭使得 $CO_2$ 进入叶片受阻，而气孔关闭是由于植物为了减少水分散失或由于细胞内水分含量不足所致。范桂枝等[92]、张秀梅等[93]的调亏试验研究也证明了这点。

无论用什么节水灌溉技术，最终目的就是保证产量和提高水分利用效率。西北干旱区大部分是灌溉农业，同时又面临着水分利用效率低的问题[94]，解决此问题迫在眉睫。中外学者对不同作物的研究结果表明，调亏灌溉有明显的节水效果，可以提高水分利用效率，当然也有可能引起减产。当植物受到水分胁迫时，生长受到阻碍，适度的胁迫对最终果实的组成影响不大，复水后植物体内积累的产物对后期生长有生长补偿效应，从而最后不减产[95]。Turner[96]认为亏水并不一定降低产量，一些作物在生育早期进行亏水有利于产量的增加。梨枣树在萌芽展叶期和果实成熟期进行中度亏水处理发现果实产量分别增加了 13.2%～31.9% 和 9.7%～17.5%，轻度水分亏缺的产量与未进行水分亏缺的处理产量一致，各水分亏缺处理减少用水 5%～18%，节约 13%～25% 的灌溉用水[97]。薛道信等[98]研究调亏灌溉对荒漠绿洲膜下滴灌马铃薯的影响发现，与其他调亏处理相比，在块茎形成期进行轻度调亏灌溉后产量略有降低的情况下，水分利用效率提高了 8.10%～41.57%，灌溉水利用效率提高了 3.57%～42.62%。在研究柑橘时发现调亏灌溉可以减少用水 $1000～1250m^3/hm^2$，产量与充分灌溉相似，显著提高了水分利用效率[99]。王世杰等[100]发现膜下滴灌辣椒在苗期中度水分亏缺，水分利用效率显著提高 8.45%，同时产量与未进行水分亏缺的处理产量无显著差异，是最佳灌溉处理。赵霞等[101]研究荒漠绿洲葡萄发现在抽蔓期调亏，单株穗数和单株产量增加，最终产量提高 10.30%，与 Li et al.[102]认为果树适当的水分亏缺可减少果树的枝条生长，复水后反而能加速果实的生长，增加体积，最后在采收时获得更大产量这一规律相符。研究表明调亏灌溉对芒果和杏树的产量影响不大，却大大提高了水分利用效率[103-104]。当灌水定额为 40mm 时，返青和拔节时段连续干旱，冬小麦的有效穗数和穗粒数显著降低，但千粒重略有降低，可达到节水稳产的目的[105]。也有研究表明，调亏处理均使得籽粒灌浆期显著缩短，灌浆高峰期提前；返青期轻度调亏和重度调亏均可使穗粒数和千粒重保持稳定，而有效穗数略有降低，最后稳定产量[106]。因此在产量得到保障的同时，寻求适宜的调亏灌溉模式与合理的灌溉制度能在一定程度上提高水分利用效率，解决农业水资源短缺的问题。

### 1.2.4 调亏灌溉对土壤水分运移及耗水规律的影响研究

Souza et al.[107]研究缺水条件下豇豆产量和水分利用效率发现，供水低于260mm可以将栽培豇豆品种 $BR_3$ Tracuateua 的平均产量限制在低于 1.000kg/ $hm^2$ 的值。万文亮等[108]利用调亏对新疆滴灌春小麦土壤水分和产量进行了研究，发现调亏灌溉处理改变了各土层水分的分布，两年滴灌春小麦 0～80cm 土壤水分垂直变化趋势基本一致，各土层土壤质量含水率均随着调亏灌水量的增加而增大，表现为 $100\% ET_0 > 80\% ET_0 > 60\% ET_0$，其中 $ET_0$ 表示作物腾发量。综合考虑耗水量、水分利用效率及产量，水分不敏感型品种新春 44 更适合在北疆地区采用调亏灌溉模式生产，其最适的调亏灌溉水平为 $80\% ET_0$。

植株蒸腾、棵间蒸发、深层渗漏、地表径流是水分消耗的主要途径。作物需水量指大面积农田上生长无病虫害的作物，在正常生长的情况下施加最适宜的水和肥等，作物达到最高产量时所需要的棵间蒸发量和植株蒸腾量，是研究大田土壤水分变化规律、计算灌水量的关键。较小的田块尺度计算蒸散量常用水量平衡法和蒸渗仪法，较大的灌区尺度常用参考作物需水量法和涡动法。计算蒸散量最为广泛的方法是水量平衡法，原理是某一区域某一时间段内土层的入水量（降水或灌溉）与支出的水量（蒸散、渗漏等）之差等于该时段内的储水变化量。蒸渗仪法则是通过测定前后两次差值得出蒸散量。参考作物潜在需水量的计算是通过气象要素先计算参考作物需水量，最后乘作物系数即可。

水是作物生长发育的关键因素，作物的呼吸作用、蒸腾作用和光合作用都与它息息相关。在农业生产中，如果全面了解作物的耗水情况，对提高水分利用效率、增产和推动节水灌溉的发展具有重大的意义。黄兴法等[109]发现在微喷灌条件下苹果树进行调亏灌溉试验 2 年，在产量没有受到影响的情况下灌水量减少了 17%～20%，调亏灌溉有效地抑制了枝条生长速度，最终降低 16% 的枝条生长量。王玉才等[110]探究调亏灌溉下菘蓝的耗水特征，发现在营养生长期和肉质根生长期的灌水量越少，耗水量的消耗越小，耗水量显著降低了 4.11%～15.71%。李光永等[111]在研究充分灌溉和调亏灌溉对桃树需水的影响发现，前者耗水量为 625.1mm，后者减少 20% 的耗水量。侯鹏飞[112]在辽宁中部地区对水稻进行调亏灌溉发现，抽穗开花期和乳熟期连续轻度调亏可以保证在产量不减的情况下，提高水分生产效率 24.24%，节水 19.38%，节水效益最佳。绿洲膜下滴灌马铃薯进行不同程度的调亏灌溉，对阶段耗水量影响较大，耗水量随调亏程度的增大而减小，充分灌溉的总耗水量显著大于各调亏处理，耗水量最大的生育期是块茎形成期，这是因为在这个生育期地上茎叶和地下块茎同时生长[113]。玉米各个生育期施加亏水，其耗水量不尽相同，且在复水后都有补偿；适宜水分的日耗水强度均大于各调亏处理[114]。钟韵等[115]研究表明涌泉灌条件下苹果幼树连续 3 年施加调亏灌溉，节水幅度分别为 3.81％～32.77％、2.63％～22.80％、6.03％～18.71％。调亏灌溉的生育期内，甘蔗的耗水强度与土壤含水率成正比；各生育期的阶段耗水量随着亏水度的增加而减小，正常灌溉条件下耗水量最大的是伸长期，最小是萌芽期[116]。

徐丽萍等[117]利用 Hydrus-1D 软件对室内有机玻璃箱滴灌条件下土壤水分运动进行了模拟，探索滴灌土壤水分运移、土壤水分再分布及土壤水力特性参数等，表明 Hydrus-1D 软件对滴灌条件下的土壤水分分布的模拟具有一定的精度，用均方根误差 $RMSE$ 和决定系数 $R^2$ 对模拟结果进行评价，评价结果在滴头附近优于远离滴头，通过 Hydrus-1D 软件对土壤水力特性功能进行模拟，得到了土壤水分特征曲线和扩散率曲线，并利用指数函数关系和 V-G 模型进行了拟合，对各参数进行率定，发现具有较高的决定系数，说明 Hydrus-1D 软件对滴灌土壤水分运移的模拟具有较高的精度。国内外很多学者[118-119]认为 Hydrus-3D 软件不仅功能齐全，能够提供强大的模型计算能力，并且其生成的模型能真实地反映水分和溶质入渗过程，可被应用于土壤含水率的前期预报工作。薛道信等[120]发现不同生育阶段马铃薯耗水量受水分调亏程度影响较大，其耗水量随调亏程度增大而显著减少，水分调亏处理马铃薯全生育期总耗水量均低于全生育期充分灌水处理。块茎形成期轻度水分亏缺马铃薯水分利用效率、灌溉水利用效率、生物量均达到最大，水分利用效率，灌溉水利用效率分别较全生育期充分灌水显著提高 29.04％和 35.61％。毋海梅等[121]研究了滴灌条件下不同灌水处理（充分灌水 $T_1$，轻度水分亏缺 $T_2$，中度水分亏缺 $T_3$）对不同种植季节温室黄瓜生理特性、蒸发蒸腾量（evapotranspiration，$ET_c$）、产量及水分利用效率的影响，发现不同种植季节温室黄瓜 $T_1$ 处理的产量分别高出 $T_2$ 和 $T_3$ 处理的 22.0％和 51.2％（春夏季）、54.2％和 73.9％（秋冬季）；温室黄瓜 $T_1$ 处理的 $ET_c$ 分别高出 $T_2$ 和 $T_3$ 处理的 17.4％和 34.9％（春夏季）、24.0％和 48.0％（秋冬季）；$T_1$ 处理的 $WUE$ 分别高出 $T_2$ 和 $T_3$ 处理的 5.5％和 25％（春夏季）、39.7％和 50.0％（秋冬季）。王泽义等[122]为确定河西冷凉灌区板蓝根种植的最佳灌水策略，综合考虑板蓝根产量、水分利用效率和品质得知，最优控水处理为营养生长期和肉质根生长期连续轻度水分调亏，即该阶段土壤相对含水率为 65％～75％。在一定程度上，适当的调亏灌溉可明显减少水分消耗，提高水分利用效率，最终达到节水的目的。而对于经济效益，由于品种的不同、调亏时间的不同，其产生的结果有所差异，不当的调亏可能引起减量，降低经济效益[123-125]。李绍华[126]、曹慧等[127]研究发现：在果树生长初期施加水分亏

11

缺，可使最终经济效益有所提升；而在果实膨大期或果实成熟期施加水分亏缺，对果实干物质累积影响也比预想得较小，经研究后发现植物在果实干物质累积的过程对水分敏感程度较低，承受水分亏缺能力较强[128-130]。RDI 作为葡萄生长过程中一项重要的水分管理策略，可使葡萄浆果品质与香味得到明显改善，水分利用效率得到较大幅度提高的同时还可保持原有产量，并节水 50％[131-133]。

### 1.2.5 调亏灌溉对根系空间分布及吸水的影响研究

根系吸水是植物水分传输系统的最初端，直接控制着整株植物的水分传输量，进而影响植物的生命活动。对植物根系吸水的研究不仅是土壤-植物-大气连续体（soil plant atmosphere continuum，SPAC）中水分运移规律研究的重要内容，同时也是水文、气候、土壤、农业、生态等多学科领域交叉研究的重点[134]。植物根系吸水模型的研究在总结根系吸水模型的基础上，概述了根系吸水的机理、不同研究尺度下的根系吸水模型的分类，并重点分析了实际应用较广泛的宏观根系吸水模型，且对每种模型应用的范围和局限性做出了说明。最后对现有根系吸水模型中存在的问题进行了初步分析，并对其未来研究方向和内容进行展望[135-136]。

根系是重要的地下器官，它负责养分吸收和水分运输，是连接水、肥、热和植物体内活动的唯一途径。了解根系分布特性可以提高灌水和施肥的利用效率。水分胁迫后，叶片和根系的反应较为明显，对根冠比的影响较大。孟兆江等[137]研究调亏灌溉下棉花根冠生长情况时发现，各生育期亏水整体上不影响根系生长，可以加快根系生长速率；中度亏水促进根系生长，复水后有不同程度的补偿生长效应。张承林等[138]研究水分亏缺对荔枝幼树根系的影响时，发现缺水影响荔枝根系的生长，根系生物量随着灌水量的减小而显著降低，但须根明显增多。有研究表明玉米植株在各生育期施加水分亏缺后根系生长均受到影响，其中影响最大是拔节期中度亏水，根长和根数减少了 32.74％和 32.43％，复水后补偿生长随水分亏缺程度的加大而增加[139]；亏水处理可以提高梨枣树的根系吸水能力，促进根系向深处生长，还可以降低棵间蒸发量[140]。武阳等[141]在研究香梨时发现水分亏缺可以减少剪枝量，调亏处理的根系密度大于未进行水分亏缺的处理，同时密度随亏缺程度的增大而增加，水分亏缺降低了梨树的根长，恢复正常灌溉后对根系的生长具有补偿性。郭相平等[142]研究盆栽玉米发现，苗期玉米施加调亏灌溉后提高平均根长和根系活力，但降低单株根系条数和根系干物质累积。芦笋在幼年期和成株期施加增氧-调亏灌溉能促进根系发育，根系活力分别提高了 27.3％和 32.4％[143]。胡剑等[144]研究发现大豆在调亏灌溉和生物炭的交互作用下，对大豆的根长和根体积有显著影响；生物炭相同时，中度亏水的根长最大。超级稻在孕穗期施加调亏灌溉，各处理的总根长、根干重和根系活力显著大于未调亏处理；轻度亏水的效果最好，节水率达到 52.87%[145]。

DaMatta et al.[146]研究表明，调亏灌溉通过控制土壤水分影响作物根系生长，达到间接控制作物蒸腾作用的目的。虎胆·吐马尔白、王一民等[147-148]通过室内 3 组桶栽水平试验，在不同生育期对棉花根系进行取样，由根长密度分布函数、土壤含水率及棉花蒸腾量，选定根系吸水模型为 Feddes 模型，经模型计算：土壤水分的模拟值与实测值吻合较好，该模型能够准确地描述膜下滴灌棉花根系吸水，表明建立的棉花根系吸水模型是可行的。李楠等[149]以 25a 生"库尔勒香梨"为试材，采用挖掘剖面方块取根法，利用植物图像分析系统和烘干称重法，对不同土层的总根系生物量、细根生物量、吸收根根长密度与表面积进行了详细分析，"库尔勒香梨"根系总生物量、细根生物量、吸收根根长密度及表面积都具有水平分布递减、垂直分布分层的特征。距离树干 0～2.5m，深 0～0.7m 的土层是"库尔勒香梨"根系分布的主要区域，树冠下距树干 2.0～2.5m，深 0.4～0.7m 的土层应该作为其肥水管理的重点区域。Wu et al.[150]通过田间试验，研究了 2009 年和 2010 年调亏灌溉对成熟梨树细根再分布的影响。施加的严重水分胁迫可以保持果实膨大期的细根长度密度，显著提高梨树的果实产量；施加适度的水分胁迫对果实产量没有影响，但在沙漠气候下可以减少灌溉量并提高水分利用效率。宋锋惠等[151]研究黑核桃根系在土壤中的分布特征发现，根系垂直最深分布达到 150cm 土层，水平分布最远达到 120cm 以上。距树干 0～80cm，深 0～70cm 的区域是黑核桃根系分布的主要区域。王磊等[152]使用分层分段挖掘法，对核桃树根系吸水进行研究，得出干旱区滴灌核桃树有效吸水根系主要分布在水平方向 0～120cm 范围内、垂直方向 0～90cm 范围内，分别占总含量的 90.65% 和 79.19%；核桃树有效吸水根系根长密度函数在水平方向遵从多项式函数分布、垂直方向遵从 e 指数函数分布，相关系数分布为 0.932 和 0.839。李建兴等[153]认为 0.5～5.0mm 径级能够大大提高土壤渗透性能作用。多年生植物为了能够获取足够的水分和养分会向根系投入更多的资源[154-155]。根系对于土壤当中养分、水分吸收能力的大小主要取决于根系表面积，该指标的评价标准以根长密度来衡量，当该值越大时抵抗土壤侵蚀能力越强[156]，对于土壤当中水资源及养料充分最大化利用，主要取决于植物根系中的细根[157-159]，现如今大多研究者开展的试验研究中把根系直径（$d \leqslant 2mm$）作为吸水根系的划定区域[160]，相关研究指出 $d \leqslant 1mm$ 的根系可以提高土壤水力效应和土壤水稳性团聚体量，进而提高土壤抗蚀性能[161-162]，所以研究 $d \leqslant 2mm$ 的细根空间分布、根长及生物量等参数，对探讨植被对机械组成、土壤中理化性质的改善具有深远意义[163]。邹衡等[164]采用根钻法，对 8a 生不同土壤类型猕猴桃的根系空间分布特征进行研究，发现猕猴桃根系在红油土的垂直分布范围比在斑斑黑油土更深，水平分布范围则更窄，说明土壤类型对根系生长发育及分布有一定程度的影响。蒋敏等[165]以南疆密植枣树为试材，研究表明适当地增加灌水深度，在保障距土表近的土层能充分灌水同时，也进一步满足了深层土层的需水要求。李宏等[166]研究表明作物根系受到土层垂向土壤质地影响较大，对根系输导根及吸收根影响最大的土壤质地为砂壤土，对于吸收根而言受到黏土与砂土影响较大，输导根则受到黏土与砂土影响较小。van Dam et al.[167]不仅描述了 Swap 模型的发展还总结了 Swap 的主要特点，包括 Richards 方程的数值解、大孔隙流、蒸发蒸腾和与地下水的相互作用，并指出未来 5～10 年 Swap 这样的独立和垂直导向的农业水文模型将继续对研究和教育具有重要意义。Kady-ampakeni et al.[168]测得砂质土壤水分和养分含量指标，并利用 Hydrus – 2D 模型进行模拟，最终说明了 Hydrus – 2D 模型对土壤水分和溶质之间的实测值和模拟值模拟效果较好。Hydrus 模型的起步阶段可以追溯到 van Genuchten[169-170]建立的 Sumatra 模型和 Worm 模型、Vogel[171]建立的 SWMII 模型以及 Kool et al.[172]建立的旧版 Hydrus 模型。其中 Sumatra 模型中使用 Hermitian cubic 有限元数值格式，Worm 模型和旧版 Hydrus 代码中使用线性有限元来求解水流和溶质运移方程，而 Swmi 模型则使用有限差分来求解流动方程。1999 年 Simu-nek[173]发布基于 Windows 的第一版 Hydrus – 1D 模型，后经版本更新和系列演变，Hydrus 模型逐渐成为一款可以用来模拟在土壤介质中的水、热、溶质、病毒、$CO_2$、细菌等迁移过程的模型工具。

## 1.3　研　究　内　容

（1）调亏灌溉对核桃生长生理指标及产量的影响。

测定调亏灌溉下核桃树的光合特性、叶绿素含量、枝条生长量、果实增长量等指标，分析各生理生态指标与调亏程度之间的响应关系，揭示调亏灌溉对核桃增产的响应。

（2）水分亏缺对核桃耗水规律的影响。根据不同处理实测得到的核桃蒸发蒸腾量资料，分析研究不同阶段和不同程度的缺水对全生育期总蒸发蒸腾量和各阶段蒸发蒸腾量分配状况的影响，确定亏缺灌溉条件下不同阶段的耗水量，进而推求耗水模数。

（3）优质高效滴灌调亏灌溉制度。通过不同土壤水分、土壤蒸发、植株蒸腾、气象数据的动态监测，采用水量平衡法和热脉冲法，研究水分亏缺下核桃耗水规律，确定各生育期适宜的水分调控指标，制定滴灌核桃调亏灌溉制度。

（4）不同调亏程度对滴灌核桃根系分布的影响。通过人工挖树根分析调亏灌溉下核桃根系的空间分布，探明不同调亏处理下滴灌核桃有效吸水根系的主要分布区域，运用 Hydrus – 2D 模型模拟核桃根区土壤水分分布。

（5）调亏灌溉对核桃土壤水分运移及根系吸水的影响。通过不同调亏模式下的土壤水分、土壤蒸发、气象数据的动态监测，研究水分胁迫下核桃树垂直方向土壤水分的分布情况，运用 Hydrus－2D 模型模拟核桃根区根系吸水规律，得到调亏灌溉技术节水的原因。

# 1.4　研究方法与技术路线

干旱绿洲灌区滴灌核桃调亏灌溉技术研究的技术路线图如图 1.1 所示。本研究将大田试验与室内试验相结合，得到土壤基本物理参数，使用 Excel 进行原始试验数据整理工作，并将数据通过 SPSS、DPS 等软件进行相应的数学分析，采用 Origin 绘图软件将试验数据以图形方式表示出来，在此基础上，利用 Hydrus－2D 软件模拟根区土壤水分动态变化，进行干旱绿洲灌区滴灌核桃调亏灌溉技术研究。

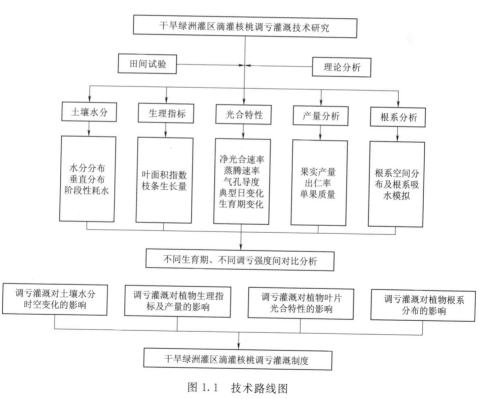

图 1.1　技术路线图

# 第2章　试验设计与研究方法

## 2.1　试 验 区 概 况

试验区位于新疆阿克苏地区温宿县红旗坡农场新疆农业大学林果实验基地，地处天山南麓中段，南临阿克苏市，西毗温宿县。该区属于典型大陆性温带干旱沙漠气候，昼夜温差悬殊。试验在新疆阿克苏地区新疆农业大学实验基地进行，地理位置为东经 $80°14′$，北纬 $41°16′$，海拔 1133m，2018—2021 年年平均太阳总辐射量 544.115～590.156kJ/cm$^2$，年平均日照时数 2855～2967h，无霜期达 205～219d，年平均降水量 42.4～94.4mm，年平均气温 11.2℃，年有效积温 3950℃。试验区 0～40cm 土层土壤质地为粉砂壤土，平均容重 1.40g/cm$^3$；40～60cm 土层土壤质地为砂壤土，容重为 1.40g/cm$^3$；60～120cm 土层土壤质地为细砂，平均容重为 1.39g/cm$^3$，地下水埋深大于 10m。

在研究区内随机选取 5 个位置，分层选取大田土样，并按照美国农业部土壤质地三角形筛分土粒，进行土壤颗粒划分，最终土质基本情况见表 2.1。

表 2.1　　　　　　　　　　　研究区土壤质地组成

| 土层 /cm | 容重 /(g/cm$^3$) | 土壤粒径比例/% | | | | 土壤性质 |
|---|---|---|---|---|---|---|
| | | <0.002mm | 0.002～0.05mm | 0.05～2mm | >2mm | |
| 0～20 | 1.38 | 7.0 | 56.5 | 36.5 | 0 | 粉砂壤土 |
| 20～40 | 1.42 | 7.2 | 67.9 | 24.9 | 0 | 粉砂壤土 |
| 40～60 | 1.40 | 2.9 | 15.8 | 81.3 | 0 | 砂壤土 |
| 60～80 | 1.38 | 0.1 | 1.7 | 98.2 | 0 | 细砂 |
| 80～100 | 1.35 | 0.2 | 8.0 | 91.8 | 0 | 细砂 |
| 100～120 | 1.43 | 0.7 | 12.0 | 87.3 | 0 | 细砂 |

## 2.2　试 验 设 计

采用的供试材料为成龄核桃树，品种为"温 185"。核桃树行向沿西南方向种植，株行距 2m×3m。根据多年试验观测数据得出"温 185"在阿克苏的生育期可划分为 6 个时期，分别为萌芽期（Ⅰ）、开花坐果期（Ⅱ）、果实膨大期（Ⅲ）、硬核期（Ⅳ）、油脂转化期（Ⅴ）、成熟期（Ⅵ）。2018 年、2019 年、2021 年试验都以不同灌水量为标准确定了核桃调亏灌溉制度，见表 2.2～表 2.4。2018 年试验共 7 个处理；2019 年试验共 6 个处理；2021 年试验共 5 个处理；$ET_c$ 通过参考作物蒸发蒸腾量 $ET_0$ 和作物系数 $K_c$ 计算，各灌水定额不同阶段作物系数 $K_c$ 值见表 2.5。每个处理中选取长势均匀，无病虫害及冻害，胸径、树冠大小基本一致的核桃树 3 株，即 3 次重复作为固定的研究样本。灌溉采用压力补偿式滴灌管，滴头间距 0.5m，滴头流量 3.75L/h；每行树布置两条滴灌带，分别距树两侧 0.5m。

表 2.2　　　　　　　　　　2018 年核桃调亏灌溉制度

| 生育期 | 时　　间 | W0 | W1 | W2 | W3 | W4 | W5 | W6 |
|---|---|---|---|---|---|---|---|---|
| 萌芽期（Ⅰ） | 4 月 5—15 日 | $ET_c$ | $ET_c$ | $ET_c$ | $ET_c$ | $ET_c$ | $ET_c$ | $ET_c$ |
| 开花坐果期（Ⅱ） | 4 月 16 日—5 月 10 日 | $ET_c$ | 75%$ET_c$ | 50%$ET_c$ | $ET_c$ | $ET_c$ | 75%$ET_c$ | 50%$ET_c$ |
| 果实膨大期（Ⅲ） | 5 月 11 日—6 月 8 日 | $ET_c$ | $ET_c$ | $ET_c$ | 75%$ET_c$ | 50%$ET_c$ | 75%$ET_c$ | 50%$ET_c$ |
| 硬核期（Ⅳ） | 6 月 9 日—7 月 8 日 | $ET_c$ | $ET_c$ | $ET_c$ | $ET_c$ | $ET_c$ | $ET_c$ | $ET_c$ |
| 油脂转化期（Ⅴ） | 7 月 9 日—8 月 31 日 | $ET_c$ | $ET_c$ | $ET_c$ | $ET_c$ | $ET_c$ | $ET_c$ | $ET_c$ |
| 成熟期（Ⅵ） | 9 月 1—25 日 | $ET_c$ | $ET_c$ | $ET_c$ | $ET_c$ | $ET_c$ | $ET_c$ | $ET_c$ |

表 2.3　　　　　　　　　　2019 年核桃调亏灌溉处理

| 生育期 | 时　　间 | W0 | W1 | W2 | W3 | W4 | W5 |
|---|---|---|---|---|---|---|---|
| 萌芽期（Ⅰ） | 4 月 5—15 日 | $ET_c$ | $ET_c$ | $ET_c$ | 75%$ET_c$ | 50%$ET_c$ | 75%$ET_c$ |
| 开花坐果期（Ⅱ） | 4 月 16 日—5 月 10 日 | $ET_c$ | 75%$ET_c$ | 50%$ET_c$ | $ET_c$ | $ET_c$ | 75%$ET_c$ |
| 果实膨大期（Ⅲ） | 5 月 11 日—6 月 8 日 | $ET_c$ | $ET_c$ | $ET_c$ | $ET_c$ | $ET_c$ | $ET_c$ |
| 硬核期（Ⅳ） | 6 月 9 日—7 月 8 日 | $ET_c$ | $ET_c$ | $ET_c$ | $ET_c$ | $ET_c$ | $ET_c$ |
| 油脂转化期（Ⅴ） | 7 月 9 日—8 月 31 日 | $ET_c$ | $ET_c$ | $ET_c$ | $ET_c$ | $ET_c$ | $ET_c$ |
| 成熟期（Ⅵ） | 9 月 1—25 日 | $ET_c$ | $ET_c$ | $ET_c$ | $ET_c$ | $ET_c$ | $ET_c$ |

表 2.4　　　　　　　　　　2021 年核桃调亏灌溉制度

| 生育期 | 时　　间 | W0 | W1 | W2 | W3 | W4 |
|---|---|---|---|---|---|---|
| 萌芽期（Ⅰ） | 4 月 11—27 日 | $ET_c$ | $ET_c$ | $ET_c$ | 50%$ET_c$ | 75%$ET_c$ |
| 开花坐果期（Ⅱ） | 4 月 28 日—5 月 25 日 | $ET_c$ | 50%$ET_c$ | 75%$ET_c$ | 50%$ET_c$ | 75%$ET_c$ |
| 果实膨大期（Ⅲ） | 5 月 26 日—6 月 23 日 | $ET_c$ | 75%$ET_c$ | $ET_c$ | 50%$ET_c$ | 75%$ET_c$ |
| 硬核期（Ⅳ） | 6 月 24 日—7 月 19 日 | $ET_c$ | $ET_c$ | $ET_c$ | $ET_c$ | $ET_c$ |
| 油脂转化期（Ⅴ） | 7 月 20 日—8 月 31 日 | $ET_c$ | $ET_c$ | $ET_c$ | $ET_c$ | $ET_c$ |
| 成熟期（Ⅵ） | 9 月 1—25 日 | $ET_c$ | $ET_c$ | $ET_c$ | $ET_c$ | $ET_c$ |

表 2.5　　　　　　　　　　各灌水定额不同阶段作物系数 $K_c$ 值

| 生育期 | 萌芽期 | 开花坐果期 | 果实膨大期 | 硬核及油脂转化期 | 成熟期 | 全生育期 |
|---|---|---|---|---|---|---|
| $K_c$ | 1.05 | 1.15 | 1.18 | 1.45 | 1.18 | 1.20 |

## 2.3　观测内容与方法

1. 土壤含水率的测定

采用土壤水分仪 TRIME - IPH 测定土壤含水率。测定深度为 120cm，每 20cm 一测。测点观测层次：0～20cm、20～40cm、40～60cm、60～80cm、80～100cm、100～120cm。TRIME 管布置方式如图 2.1 所示，每株试验样本树布设 5 根 TRIME 管，分别布置在树行间距树 50cm、100cm 和 150cm 处，株间距树 50cm 和 100cm 处。测定时间为核桃灌水前和灌水后，如有降水、生育阶段转变时，需进行加测。通过测定计算核桃生育期内各阶段的土壤含水率与有效降水量，计算作物耗水量，耗水量的计算公式可以用下式表示：

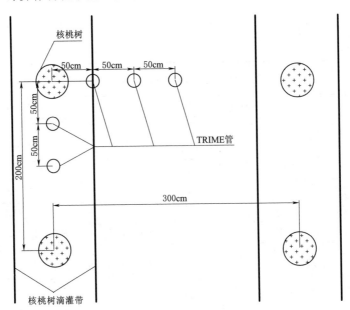

图 2.1　TRIME 管布置方式

$$ET_{1-2} = 10\sum_{i=1}^{n}\gamma_i(\theta_{i1} - \theta_{i2}) + M + P_0 + K \tag{2.1}$$

式中：$ET_{1-2}$ 为阶段耗水量，mm；$i$ 为土壤层次号；$n$ 为土壤层次总数；$\gamma_i$ 为第 $i$ 层土壤干容重，g/cm³；$\theta_{i1}$ 为第 $i$ 层土壤阶段初含水率，$\theta_{i2}$ 为第 $i$ 层土壤阶段末含水率，以占干土重的百分数计；$M$ 为时段内的灌水量，mm；$P_0$ 为时段内降水量，mm；$K$ 为时段内的地下水补给量，mm；本试验区的地下水埋深较深，地下水补给量视为 0。

2. 果实纵、横径及体积的测定

采用精度为 0.01mm 的数显式游标卡尺进行测量。在所选固定的叶片样本附近选取大小基本一致的核桃做标记，作为固定的测量样本。每 7d 进行一次果实纵、横径的测量，直到果实纵、横径不再发生变化为止。通过椭球的计算公式计算核桃果实的体积。

3. 枝条生长量的测定

选择试验用样本树树冠外围生长势强的新梢，每株试验用样本树的东、南、西、北 4 个方向各选取 5 个枝条编号标记，每 7d 用皮尺测量一次。

4. 光合指标的测定

（1）采用便携式光合仪（CIRAS-3）在作物两次灌水之间选择晴天进行光合观测，每日测定时间为 10：00 左右，测定指标为叶片光合速率、蒸腾速率和气孔导度。每次测定前，每棵试验用样本树选取生长位置相对一致、生长状况良好的 3 片叶片，用标签纸进行标记，作为连续定点监测对象。

（2）在作物灌水前后选择一个晴天进行光合日变化观测，测定时间为 10：00—20：00，每隔 2h 一测，测量的叶片与定点监测的叶片为同一叶片。

5. 叶面积指数的测定

在每个处理中，采集每株试验用样本树东、南、西、北 4 个方向半球影像图片，并采用 Hemi View 数字植物冠层分析系统对核桃树进行叶面积指数分析，每隔 15d（或每个生育期）进行一次分析。

6. 叶绿素含量指数的测定

采用 SONY 公司生产的手持式叶绿素指数仪测定。在每棵试验用样本树的东、南、西、北 4 个方向各取 3 片长势相似的叶片作为固定的样本，每 7d 进行一次测量，在每片叶片的上中下 3 个位置各测一个值，最后取这 3 个数值的平均值作为叶片的叶绿素指数。

7. 果实产量的测定

核桃成熟时，分别测定各处理的 3 株试验用样本树上的果实数。每株树随机抽取 100 个果，去掉青皮后，称取单个果实鲜重，把果实晒干后称每个果实的干重和仁重。

8. 气象数据

使用 Watchdog 小型自动气象站全天候自动观测气温、辐射、降水等常用气象数据，30min 测定一次。

9. 根系测定

取出土样，过 4 目水洗筛，将根系筛出并用清水清洗干净，装入有编号的封口袋带回实验室。去除杂物和死根，将根系清洗后，用 0.001g 天平称取根系鲜重，并放置于透明玻璃托盘中，放置时保证根系平铺不交叉以减小误差，接着用 Delta - T Scan 根系图像分析系统配套的扫描仪进行根系扫描，将扫描后的根系风干后得干根重，最后将得出的高分辨率图像用专用的 Delta - T Scan 根系图像分析软件进行分析处理，从而得到不同直径根系对应的根系数据。

10. 综合指标评价

(1) 评价指标的选取。选择果实的 5 个指标作为评价变量，分别为单果重 ($X_1$)、仁重 ($X_2$)、出仁率 ($X_3$)、产量 ($X_4$)、WUE ($X_5$)。采用 CRIT-IC 法进行综合评价。

(2) 原始数据的标准化、同趋化处理。采用 Excel 对原始数据进行处理，具体方法为：将原始评价指标的数据写为矩阵 $\boldsymbol{X} = (X_{ij})_{7 \times 5}$，$X_{ij}$ 为第 $i$ 个处理第 $j$ 个指标的测量值。

对于高优指标（越大越好）：

$$P_{ij} = X_{\max} / X_{ij} \times 100 \quad (X_{ij} \leqslant X_{\max}) \tag{2.2}$$

式中：$X_{\max}$ 为指标最大值。将标准化、同趋化后的数据写为矩阵 $\boldsymbol{P} = (P_{ij})_{7 \times 5}$。

(3) CRIRIC 法是一种基于评价指标的对比强度和指标之间的冲突性来综合衡量指标的客观权重的方法。采用 SPSS19.0 软件对所需评价指标进行相关分析，得到相关系数矩阵 $\boldsymbol{R} = (R_{ij})_{5 \times 5}$，根据下面的公式进行权重计算：

$$C_j = \delta_j \sum_{i=1}^{n} (1 - R_{ij}) \quad (j = 1, 2, \cdots, n) \tag{2.3}$$

式中：$C_j$ 为第 $j$ 个评价指标所包含的信息；$\delta_j$ 为第 $j$ 个指标的标准差；$R_{ij}$ 为评价指标 $i$ 和 $j$ 之间的相关系数。

$C_j$ 越大，表示第 $j$ 个评价指标所包含的信息量越大，分配的权重越大，所以第 $j$ 个指标的客观权重为

$$W_j = C_j / \sum_{i=1}^{n} C_j \quad (j = 1, 2, \cdots, n) \tag{2.4}$$

# 第3章 调亏灌溉下滴灌核桃园土壤温度和土壤水分研究

## 3.1 调亏灌溉对滴灌核桃园土壤温度的影响

### 3.1.1 核桃树不同土层土壤温度的变化动态

以充分灌溉 W0 处理为例，图 3.1 为 2019 年核桃树各生育期的不同土层土壤温度变化。在核桃树生育期内，由于该地区的气候干旱少雨、蒸发量大，从开花坐果期、果实膨大期、硬核期、油脂转化期到成熟期，各土层温度呈现先增大后降低的单峰曲线。开花坐果期到油脂转化期各土层的土壤温度逐步上升，油脂转化期的各土层土壤温度达到峰值，到成熟期，土壤温度下降迅速。这可能是开花坐果期日照时间短，温度低，气温温差比较大引起的；而油脂转化期处在 7 月、8 月，此时的温度较高。随着核桃树生育期的变化，5cm、10cm、20cm、30cm 和 40cm 的土壤温度变化趋势一致，各生育期随着土层深度的增加温度逐渐降低。开花坐果期各土层土壤温度变化最为剧烈，温度差为 2.59℃，其次是果实膨大期，温度差为 1.61℃。

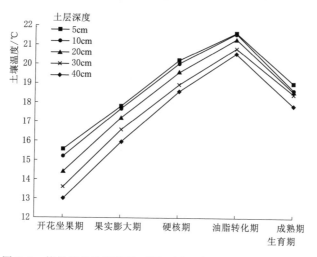

图 3.1 核桃树各生育期的不同土层土壤温度变化（2019 年）

### 3.1.2 核桃树不同土层土壤温度日变化规律

为了研究核桃树不同土层深度对土壤温度变化的影响，分别选择开花坐果期、果实膨大期、硬核期和油脂转化期天气晴朗的 3d，观测 5cm、10cm、20cm、30cm 和 40cm 的土层温度，变化规律如图 3.2 所示。各生育期不同土层深度的温度变化趋势基本一致，且各土层土壤温度日变化幅度随着土层深度的增加而逐渐降低。距地表 5cm 和 10cm 的土壤温度变化均先增后减，呈"单峰型"趋势；由于受到气温的影响，土壤温度变化幅度较大，早晨土壤温度较低，随时间的推移，在 18：00—22：00 达到最大温度。土层深度为 20～40cm 的土壤温度变化幅度较小，变化趋势呈先减后增，均在 24：00 达到最大温度。这是由于核桃树植株比较大，冠层较厚，阳光穿过冠层直射地表需要时间，随着时间的推移，太阳照射时间增加，地表土壤温度迅速上升；但随着土层深度的增加，热传导下降，使土壤温度降低。

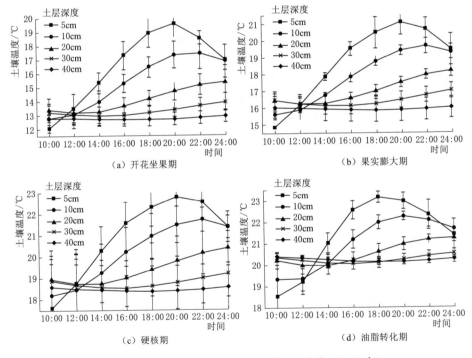

图 3.2　不同生育期各土层土壤温度的日变化（2019 年）

### 3.1.3 核桃树调亏灌溉对土壤温度的影响

在核桃树的开花坐果期，选择天气晴朗的一天（5 月 6 日），研究调亏灌溉

下核桃树 40cm 土层范围内平均土壤温度的日变化规律，结果如图 3.3 所示，调
亏灌溉下核桃树各处理的土壤温度日变化趋势基本一致。在 10：00—24：00 时
间内，土壤温度的变化趋势呈先增后减，且调亏程度越大，土壤温度越低。如
图 3.3（a）所示，在开花坐果期进行轻度、中度调亏，各处理的土壤温度表现
为 W2＞W1＞W0。最高温度出现在 20：00，W1 和 W2 土壤温度分别为
16.98℃和 17.48℃；与 W0 处理相比，W1 处理的平均土壤温度增加了 2.20℃，
W2 处理的平均土壤温度增加了 2.53℃。在萌芽期＋开花坐果期连续进行轻度
调亏后，如图 3.3（b）所示，开花坐果期 W5 处理的最高土壤温度也在 20：00，
为 16.00℃，比 W0 处理的最高土壤温度高 1.61℃。图 3.3（a）和图 3.3（b）
相比，W1 处理的平均土壤温度比 W5 处理的平均土壤温度高 0.93℃，可见单生
育期调亏比连续调亏更有助于土壤温度的升高。

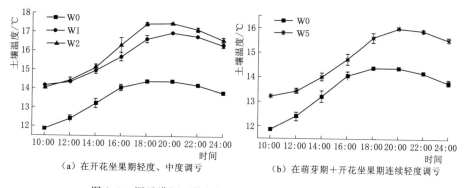

（a）在开花坐果期轻度、中度调亏　　　（b）在萌芽期＋开花坐果期连续轻度调亏

图 3.3　调亏灌溉下核桃树土壤温度的日变化（2019 年）

## 3.2　不同调亏处理下核桃园土壤水分分布

### 3.2.1　不同调亏处理下滴灌核桃园土壤水分动态变化

　　水分是作物生长的必要条件和关键因素，在各个生育期均起到重要作
用[174-176]。作物水分消耗的途径，在实际情况中主要有棵间蒸发与植株主动吸收
两种[177]，棵间蒸发基本上被定义为无效耗水。有效降低作物土壤水分消耗是提
高灌溉水利用效率的关键所在。调亏灌溉技术是在某个特定时期或者某个特定
生育期对植株施加水分亏缺[178-179]，最终使植株产量不变或产量提高。该方法既
能减少土壤水分消耗，又能在不影响经济效益的前提下提高水分利用效率。

　　土壤水分的分布决定着作物根系的分布情况[180-183]，也在很大程度上影响了作物
的生长发育及产量[184]。研究土壤中的水分变化，为调亏灌溉对土壤水分的实际影响
提供翔实的数据，为分析调亏灌溉技术对核桃树耗水规律及生理的影响提供依据。

　　2018 年不同调亏处理下滴灌核桃树根区土壤水分连续动态监测结果如图 3.4 所示。各个调亏处理之间的土壤含水率变化趋势相似，全生育期总体呈现下降趋势。但由于存在调亏灌溉，各处理间土壤含水率存在较大差异。在调亏期间各调亏处理的土壤水分消耗趋势大多数缓于 W0 处理，特别是在开花坐果期＋果实膨大期都进行调亏灌溉的 W5 和 W6 处理，土壤水分消耗明显小于 W0 处理。从图 3.4 中可以看出：在整个生育期内，W0 处理的土壤含水率明显高于其他几组处理；但在核桃果实膨大期（5 月 11 日—6 月 8 日）和硬核期（6 月 9 日—7 月 8 日），W0 处理的土壤含水率低于个别处理。说明在这两个生育期土壤水分消耗较大，是核桃树的需水关键时期。W0 处理是充分灌水，无论是核桃树的蒸腾耗水量还是棵间蒸发量都应该大于进行调亏的处理，所以在这二者的相互影响下，W0 处理的土壤水分消耗速率大于调亏处理。8 月上旬以后，核桃树进入控水阶段，各处理均停止灌水，土壤含水率开始趋于平稳。

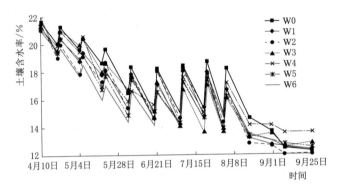

图 3.4　不同调亏处理下滴灌核桃树根区土壤水分连续动态监测结果（2018 年）

## 3.2.2　不同调亏处理下滴灌核桃园土壤水分垂直分布

　　核桃树根系主要分布在地下 40～60cm 深度的范围内[185]，地下水埋藏深度较深，可忽略补给，因此各调亏处理处于相对独立的状态。2018 年选择核桃树开花坐果期（4 月 11 日—5 月 6 日）、果实膨大期（5 月 7 日—6 月 2 日）来研究不同调亏处理下土壤水分垂直分布规律。

　　2018 年不同生育期不同调亏强度下土壤水分垂直分布如图 3.5 所示。灌水前后各处理土壤含水率在垂直方向上呈倒 S 形分布。核桃树土壤含水率在垂直方向呈现空间差异，在开花坐果期，由图 3.5（a）和图 3.5（c）可以看出地表以下 0～60cm 土壤含水率变化幅度最大，其次是 60～80cm，变化最为缓慢的是 80～120cm。开花坐果期是核桃树生长初期，枝叶生长较为缓慢，蒸腾消耗的水分较少，土壤表面的地面蒸发消耗的水分较多，因此 0～60cm 土壤含水率变化最为剧烈。随着核桃树的发育，进入果实膨大期，树冠的郁闭度逐渐增大且果实和枝叶都处于生长旺盛期，需要消耗大量水分来满足核桃树生长所需，因此蒸腾所消耗的水分增多，而地面蒸发所消耗的水分相对减少。由图 3.5（b）和 3.5（d）可以看出在果实膨大期土壤含水率主要在 40～60cm 土层深度之间变化，与核桃树根系分布深度有关。

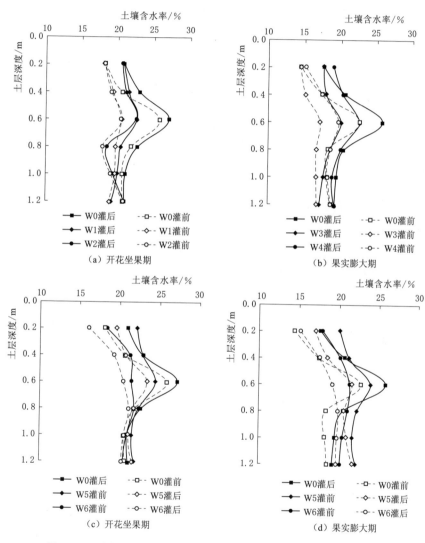

图 3.5  不同生育期不同调亏强度下土壤水分垂直分布（2018 年）

当在开花坐果期进行调亏时，如图 3.5（a）和图 3.5（c）所示，轻度调亏处理 W1 和 W5 与 W0 相比，土壤含水率灌前灌后变化幅度相差不大；但中度调亏处理 W2 和 W6 与 W0 相比，土壤含水率灌前灌后变化幅度相差较大。在果实膨大期进行调亏时，由图 3.5（b）和 3.5（d）所示，土壤含水率变化情况和开花坐果期调亏的趋势相似。W5 和 W6 处理是在开花坐果期＋果实膨大期这两个时期均调亏，对比图 3.5（b）和 3.5（d），发现图 3.5（d）在同层土壤含水率灌前灌后变化幅度整体小于图 3.5（b），说明前期开花坐果期的调亏对后期果实膨大期调亏有较大影响。

## 3.3　不同调亏处理下核桃树的耗水特性

### 3.3.1　不同调亏处理下核桃树的阶段耗水量、日耗水强度和耗水模数

　　新疆地区干旱缺水，核桃树耗水量主要受灌水量和降水量的影响[186-187]。根据实际测量的土壤含水率、气象资料、灌水量等，计算出核桃树各处理阶段性耗水量和全生育期的耗水量。如表 3.1 所示，2018 年滴灌核桃树调亏灌溉全生育期耗水量为 416.79～461.34mm，不同生育期耗水量差异较大，随着生育期的变化，耗水量先增大后减小，呈抛物线状。生育期耗水量由小到大排列为萌芽期＜开花坐果期＜成熟期＜果实膨大期＜硬核期＜油脂转化期。核桃树各处理在萌芽期的耗水量为 12.91～13.51mm，占全生育期耗水量的 2.90％～3.21％；开花坐果期耗水量为 39.26～48.88mm，占全生育期耗水量的 9.01％～10.98％；果实膨大期耗水量为 47.52～60.75mm，占全生育期耗水量的 11.29％～13.17％；硬核期耗水量为 76.99～88.21mm，占全生育期耗水量的 18.47％～19.60％；油脂转化期耗水量为 193.37～202.52mm，占全生育期耗水量的 43.90％～46.40％；成熟期耗水量为 46.27～48.42mm，占全生育期耗水量的 10.50％～11.10％。

表 3.1　　　　　　　核桃树不同生育期耗水量（2018 年）

| 处理 | 耗水量/mm | | | | | | |
|---|---|---|---|---|---|---|---|
| | 萌芽期 | 开花坐果期 | 果实膨大期 | 硬核期 | 油脂转化期 | 成熟期 | 全生育期 |
| W0 | 13.32a | 48.12a | 60.75a | 88.21a | 202.52a | 48.42a | 461.34a |
| W1 | 13.45a | 43.42b | 57.78b | 86.24b | 200.08a | 47.86ab | 448.83b |
| W2 | 13.22a | 39.52c | 56.16b | 85.96b | 197.03ab | 46.61b | 438.50bc |
| W3 | 12.91a | 48.88a | 54.01c | 84.28b | 197.64ab | 47.52ab | 445.24b |
| W4 | 13.17a | 47.32a | 49.68d | 84.84b | 197.64ab | 47.42ab | 440.07bc |
| W5 | 13.51a | 42.9b | 52.46c | 81.18c | 197.03ab | 46.81b | 433.89c |
| W6 | 13.38a | 39.26c | 47.52d | 76.99d | 193.37b | 46.27b | 416.79d |

注　同一指标的不同字母表示数据间存在显著性差异（$P<0.05$）。

核桃树阶段耗水量在开花坐果期进行轻度调亏的 W1 处理和中度调亏的 W2 处理与对照处理 W0 差异显著（$P<0.05$），W1 处理比 W0 处理减少 9.77%，W2 处理比 W0 处理减少 17.87%。W3 和 W4 处理在开花坐果期为充分灌溉，因此与 W0 处理无明显差异（$P>0.05$）。果实膨大期进行轻度调亏的 W3 处理和中度调亏的 W4 处理与 W0 处理差异显著（$P<0.05$），W3 处理比 W0 处理减少 11.09%，W4 处理比 W0 处理减少 18.22%。W5 处理在开花坐果期进行轻度调亏，W6 处理中度调亏，均与 W0 处理差异显著（$P<0.05$）。W5 处理在果实膨大期进行轻度调亏，W6 处理中度调亏，均与 W0 处理差异显著（$P<0.05$）。核桃树在不同的生育期进行调亏灌溉，会影响其生育期的耗水量。在同一生育期中，调亏程度越大，核桃树耗水量减少得越明显。

2018 年试验研究发现核桃树 W1～W6 处理在全生育期阶段的耗水量与 W0 处理的耗水量相比，均有显著差异（$P<0.05$），分别比 W0 处理低 2.79%、5.21%、3.62%、4.83%、6.33%、10.69%。全生育期中 W0 处理耗水量最多为 461.34mm，W6 处理的耗水量是最少的，比 W0 处理少 44.55mm。

2018 年试验研究发现日耗水强度可以反映核桃树在各生育期每天的耗水规律。如表 3.2 所示，可以看出在开花坐果期进行调亏灌溉的 W1、W2、W5、W6 处理开花坐果期的日耗水强度与 W0 处理差异显著（$P<0.05$），分别比 W0 处理降低 9.38%、17.71%、10.42%、18.23%，而未调亏的 W3 和 W4 处理开花坐果期的日耗水强度与 W0 处理无明显差异（$P>0.05$）。在果实膨大期进行

表 3.2　　　　核桃树不同生育期日耗水强度及耗水模数（2018 年）

| 生育期 | 耗水参数 | 处 理 | | | | | | |
|---|---|---|---|---|---|---|---|---|
| | | W0 | W1 | W2 | W3 | W4 | W5 | W6 |
| 萌芽期 | 日耗水强度/(mm/d) | 1.48a | 1.49a | 1.47a | 1.43a | 1.46a | 1.50a | 1.49a |
| | 耗水模数/% | 2.89 | 3.00 | 3.01 | 2.90 | 2.99 | 3.11 | 3.21 |
| 开花坐果期 | 日耗水强度/(mm/d) | 1.92a | 1.74b | 1.58c | 1.95a | 1.89a | 1.72b | 1.57c |
| | 耗水模数/% | 10.43 | 9.67 | 9.01 | 10.98 | 10.75 | 9.89 | 9.42 |
| 果实膨大期 | 日耗水强度/(mm/d) | 2.34a | 2.22b | 2.16b | 2.08c | 1.91d | 2.02c | 1.83d |
| | 耗水模数/% | 13.17 | 12.87 | 12.81 | 12.13 | 11.29 | 12.09 | 11.40 |
| 硬核期 | 日耗水强度/(mm/d) | 3.27a | 3.19b | 3.18b | 3.12b | 3.14b | 3.01c | 2.85d |
| | 耗水模数/% | 19.12 | 19.21 | 19.60 | 18.93 | 19.28 | 18.71 | 18.47 |
| 油脂转化期 | 日耗水强度/(mm/d) | 3.32a | 3.28a | 3.23ab | 3.24ab | 3.24ab | 3.23ab | 3.17b |
| | 耗水模数/% | 43.90 | 44.58 | 44.93 | 44.39 | 44.91 | 45.41 | 46.40 |
| 成熟期 | 日耗水强度/(mm/d) | 2.55a | 2.52ab | 2.45b | 2.50ab | 2.50ab | 2.46b | 2.44b |
| | 耗水模数/% | 10.50 | 10.66 | 10.63 | 10.67 | 10.78 | 10.79 | 11.10 |
| 全生育期 | 日耗水强度/(mm/d) | 2.76a | 2.69b | 2.64c | 2.67b | 2.64c | 2.60c | 2.50d |

注　同一指标的不同字母表示数据间存在显著性差异（$P<0.05$）。

调亏灌溉的 W3、W4、W5、W6 处理果实膨大期的日耗水强度与 W0 处理差异显著（$P < 0.05$），分别比 W0 处理降低 11.11％、18.37％、13.68％、21.79％。W1、W2 处理在果实膨大期进行复水灌溉，其果实膨大期日耗水强度与 W0 处理无明显差异（$P > 0.05$）。

耗水模数是核桃树在某个生育期的耗水量与全生育期总耗水量的比值。耗水模数能够反映作物各生育期的耗水特征以及对水分的敏感程度。2018 年核桃树所有处理在萌芽期的耗水模数的平均值为 3.02％；开花坐果期的耗水模数的平均值为 10.02％；果实膨大期的耗水模数的平均值为 12.25％；硬核期的耗水模数的平均值为 19.05％；油脂转化期的耗水模数的平均值为 44.93％；成熟期的耗水模数的平均值为 10.73％。耗水模数由小到大的排列为萌芽期＜开花坐果期＜果实膨大期＜成熟期＜硬核期＜油脂转化期，由此可以得出油脂转化期是核桃树的需水高峰期。

新疆地区干旱缺水，降雨少，蒸发量大。核桃树耗水量主要受灌水量的影响。根据 2019 年试验实际测量的土壤含水率、气象资料等，计算出核桃树各处理阶段性耗水量和全生育期的耗水量。不同生育期调亏灌溉后的核桃树耗水量和耗水模数见表 3.3。核桃生育期耗水量和耗水模数随生育期的发展总体呈单峰曲线，调亏灌溉对整体趋势没有影响。全生育期不同处理核桃树的耗水量在 725.06～756.08mm 之间。从各生育期阶段的耗水量来看，耗水量随生育期的变

**表 3.3　不同生育期调亏灌溉后的核桃树耗水量和耗水模数（2019 年）**

| 处理 | 耗水参数 | 生育期 | | | | | | |
|---|---|---|---|---|---|---|---|---|
| | | 萌芽期 | 开花坐果期 | 果实膨大期 | 硬核期 | 油脂转化期 | 成熟期 | 全生育期 |
| W0 | 耗水量/mm | 33.62a | 85.87a | 125.68a | 144.42a | 291.11a | 75.40a | 756.10a |
| | 耗水模数/％ | 4.45 | 11.36 | 16.62 | 19.10 | 38.50 | 9.97 | 100 |
| W1 | 耗水量/mm | 33.70a | 67.28b | 122.53a | 143.79a | 292.95a | 75.12a | 735.37bc |
| | 耗水模数/％ | 4.58 | 9.15 | 16.66 | 19.55 | 39.84 | 10.22 | 100 |
| W2 | 耗水量/mm | 33.47a | 59.66c | 122.46a | 141.56ab | 292.87a | 75.41a | 725.43c |
| | 耗水模数/％ | 4.61 | 8.22 | 16.88 | 19.51 | 40.37 | 10.39 | 100 |
| W3 | 耗水量/mm | 25.49b | 85.86a | 122.63a | 139.18b | 291.36a | 75.54a | 740.07b |
| | 耗水模数/％ | 3.44 | 11.60 | 16.57 | 18.81 | 39.37 | 10.21 | 100 |
| W4 | 耗水量/mm | 21.39c | 85.63a | 123.62a | 142.55ab | 288.72a | 74.39a | 736.30bc |
| | 耗水模数/％ | 2.91 | 11.63 | 16.79 | 19.36 | 39.21 | 10.10 | 100 |
| W5 | 耗水量/mm | 25.35b | 66.09b | 124.02a | 142.68ab | 290.95a | 75.97a | 725.06c |
| | 耗水模数/％ | 3.50 | 9.12 | 17.10 | 19.68 | 40.13 | 10.48 | 100 |

注　同一指标的不同字母表示数据间存在显著性差异（$P < 0.05$）。

化而变化，耗水情况为：油脂转化期最大，耗水量为 288.72～292.95mm；其次为硬核期、果实膨大期，耗水量分别为 139.18～144.42mm、122.46～125.68mm；萌芽期耗水量最少。油脂转化期的耗水量最高，这是由于该生育期阶段的气温高、太阳辐射大，使核桃叶片及果实快速增长，同时蒸腾蒸发量占主要成分，故耗水量较大。亏水期间各生育期不同处理间的耗水量表现：开花坐果期进行调亏灌溉的不同处理的总耗水量为 W0＞W1＞W2；W1、W2 的总耗水量较 W0 处理分别显著减少了 2.74％、4.06％，萌芽期进行调亏灌溉的不同处理的耗水量为 W0＞W3＞W4；W3、W4 的总耗水量较 W0 分别显著减少了 2.12％、2.62％。萌芽期＋开花坐果期连续亏水（W5）同样是 W0 的耗水量最大，W5 的耗水量较 W0 显著减少了 4.10％。可见，耗水量随灌水量的减少而降低。

由 2019 年试验的不同调亏处理下核桃树各生育期的日耗水强度可知，日耗水强度在全生育期内变化规律基本一致，呈倒立的 V 形趋势变化，日耗水强度由高到低顺序为：油脂转化期＞硬核期＞果实膨大期＞开花坐果期＞成熟期＞萌芽期，如图 3.6 所示。这是因为萌芽期和开花坐果期地表裸露，水分消耗主要是地表蒸发；果实膨大期到油脂转化期是主要的营养生长到生殖生长的阶段，这时期气温逐渐升高，水分消耗转向植株蒸腾，日耗水强度逐渐增加并达到全生育期的峰值，分别是 W0 为 5.49mm/d、W1 为 5.53mm/d、W2 为 5.53mm/d、W3 为 5.50mm/d、W4 为 5.45mm/d、W5 为 5.49mm/d，说明油脂转化期是需水关键期。从各生育阶段日耗水强度看，亏水阶段的日耗水强度均较低。在开花坐果期进行亏水的 W1、W2 处理，日耗水强度分别为 2.69mm/d、2.39mm/d，较 W0 分别降低 21.65％、30.52％；萌芽期的 W3、W4 处理，

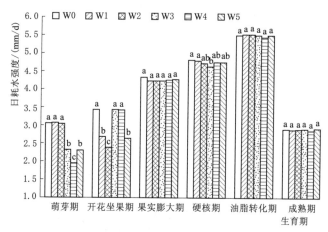

图 3.6 不同调亏处理下核桃树各生育期的日耗水强度（2019 年）

不同字母（a、b、c）表示数据间存在显著性差异（$P＜0.05$）

日耗水强度分别为 2.32mm/d、1.94mm/d，较 W0 分别降低 21.50%、32.35%；萌芽期＋开花坐果期亏水的 W5 处理萌芽期、开花坐果期日耗水强度分别为 2.30mm/d、2.64mm/d，较 W0 分别降低 21.88%、23.03%。由此可见，灌水量的多少直接影响日耗水强度的大小，各调亏处理随着灌水量的降低，日耗水强度也随之减小。

### 3.3.2 不同调亏处理下核桃树的水分利用效率

通过表 3.4 分析核桃树的水分利用效率可知，2019 年核桃树的水分利用效率在 W1 处理中最大，为 0.92kg/m³，W5 处理次之，为 0.91kg/m³，分别比 W0 处理显著提高 104.44% 和 102.22%；W2、W3、W4 处理分别比 W0 处理增加 53.33%、80.00%、66.67%；耗水量最大的 W0 处理，其水分利用效率最小，为 0.45kg/m³。核桃树的灌溉水利用效率变化规律和水分利用效率相似，W1 处理最大，次之是 W5 处理，分别比 W0 处理显著提高 107.69% 和 105.13%；其他处理与 W0 不存在显著差异。

通过比较核桃树水分利用效率和灌溉水利用效率，各调亏处理均大于对照组（W0），其中在开花坐果期轻度调亏（W1）和萌芽期＋开花坐果期连续轻度亏水（W5），核桃树的水分利用效率和灌溉水利用效率都显著提高。最佳的调亏灌溉模式应是 W1 处理，此时核桃树的水分利用效率和灌溉水利用效率均达到最大。

**表 3.4    不同调亏灌溉处理下核桃树的水分利用效率（2019 年）**

| 处　　理 | W0 | W1 | W2 | W3 | W4 | W5 |
|---|---|---|---|---|---|---|
| 耗水量/mm | 756.08a | 735.37bc | 725.43c | 740.06b | 736.30bc | 725.06c |
| 灌水量/mm | 866 | 837 | 818 | 849 | 840 | 829 |
| 水分利用效率/(kg/m³) | 0.45e | 0.92a | 0.69d | 0.81b | 0.75c | 0.91a |
| 灌溉水利用效率/(kg/m³) | 0.39b | 0.81a | 0.61ab | 0.71ab | 0.66ab | 0.80a |

**注**　同一指标的不同字母表示数据间存在显著性差异（$P < 0.05$）。

## 3.4　小　　结

2018 年试验研究发现核桃树全生育期各个调亏处理之间的土壤水分消耗曲线变化趋势相似，呈现的是脉动状态，但不同调亏处理的土壤含水率存在较大差异。各调亏处理在亏水的生育期内土壤中水分的消耗速率都小于对照处理，随着生育期的变化，各处理的土壤水分消耗速率逐渐变大。在开花坐果期进行轻度和中度调亏灌溉，发现地表以下 0～60cm 土壤含水率变化幅度最大，其次是 60～80cm，变化最为缓慢的是 80～120cm。因为开花坐果期是核桃树生长初期，枝叶生长较为缓慢，土壤水分变化的主导因素是土壤蒸发。在果实膨大期进行轻度和中度调亏灌溉，土壤含水率主要在 40～60cm 土层深度之间变化，80～120cm 变化缓慢。核桃树的根系主要分布在地表以下 40～60cm 的深度，果实膨大期核桃树枝叶繁茂，遮阴率变大，地面蒸发所消耗的水分相对减少，蒸腾所消耗的水分增多，因此 40～60cm 土层深度的含水率变化较大。同一生育期，水分调亏程度越大，土壤含水率越小并且变化幅度也相应减小。当两个生育期都进行调亏灌溉时，前期开花坐果期的调亏对后期果实膨大期调亏有影响，会影响土壤水分的变化。

2019 年试验研究发现核桃树的土壤温度随着生育期的进展呈现先增后减的趋势，油脂转化期的土壤温度最高，平均温度是 21.19℃。随着土层深度的增加，温度越来越低，这是因为随着土层深度的增加，土壤环境越稳定，不受外界影响。各个生育期不同土层的土壤温度日变化规律一致，地表下 5～10cm 的土壤温度较高，日变化幅度较大，这是因为表层土壤温度受太阳辐射的影响。随着生育期的推进，各层土壤温度逐渐升高。调亏灌溉下核桃树的土壤温度日变化趋势呈单峰曲线，调亏处理的土壤温度远远高于对照组，亏水后土壤温度随着亏水程度的加重而升高。开花坐果期轻、中度亏水的平均温度分别是 15.73℃、16.06℃，萌芽期＋开花坐果期连续轻度亏水的平均温度是 14.80℃，对照组是 13.54℃。前后对比发现连续亏水的土壤温度较低。进行水分亏缺的生育期的阶段耗水量、日耗水强度及耗水模数随着亏水程度的增加，降低幅度越大，与对照组相比差异显著。水分利用效率最大的是开花坐果期轻度调亏处理，是 0.92kg/m³，与正常灌溉处理相比，增加的幅度最大，次之是萌芽期＋开花坐果期进行连续轻度调亏处理。灌溉水利用效率与水分利用效率表现一致，最大是开花坐果期轻度调亏处理，为 0.81kg/m³。全生育期各处理的耗水量分别是 756.08mm、735.37mm、725.43mm、740.06mm、736.30mm、725.06mm，其中油脂转化期最大。在萌芽期轻度调亏（W3）和中度调亏（W4），耗水量分别降低了 8.12mm 和 12.22mm；开花坐果期轻度调亏（W1）和中度调亏（W2），日耗水强度分别降低了 18.59mm/d 和 26.21mm/d。调亏灌溉的生育期内，随着调亏程度的增加耗水量不断降低。

# 第4章 调亏灌溉下滴灌核桃树光合特性研究

光合作用是作物利用太阳能，以外界 $CO_2$ 和作物以根系为主所吸收的水分为原材料，进行合成碳水化合物的生物化学过程，同时也是地球生态系统碳循环和水循环的重要组成部分[188]。叶片是果树的重要器官之一，也是控制果树光合作用和生长发育的主要因素之一，其各项生理指标变化必然对果树生理发展产生巨大的影响。

本章主要分析：核桃树叶片光合特性生理变化与土壤水分的关系；不同生育期、不同调亏强度下核桃树叶片光合速率、蒸腾速率、气孔导度的日变化及生育期变化情况。

## 4.1 调亏灌溉下核桃树光合特性在生育期的变化

### 4.1.1 不同调亏处理对核桃树叶片全生育期光合作用的影响

对核桃树在开花坐果期进行不同调亏处理，分析叶片光合速率变化情况。2018 年试验以 W0、W1、W2 三个处理为例，对其进行对比分析。由图 4.1 可以看出：核桃树在 4—7 月生长旺盛，为保证生殖器官的光合产物供给，叶片光合速率呈逐渐上升趋势；至 7 月中旬，核桃树果实逐渐进入油脂转化期，生殖器官对光合产物的需求逐渐减少，叶片光合速率开始回落，直至全生育期结束。植物对土壤水分状况较为敏感，土壤水分含量对叶片光合作用影响显著。在核桃树开花坐果期（4 月 16 日—5 月 10 日）进行调亏灌溉后，各处理的核桃树叶片逐渐受到水分亏缺的限制，导致光合速率出现不同程度的下降，且亏缺程度越高，光合速率下降越明显。与对照组处理 W0 相比，W1 处理相对减少 4.27%，W2 处理相对减少 8.19%。

至果实膨大期（5 月 11 日—6 月 8 日）恢复充分灌溉后，各调亏处理光合速率均出现回升趋势。其中经过复水后，轻度调亏差幅逐渐缩小，至果实膨大期后期（6 月 1—8 日）与对照处理 W0 相比，已无显著差异。而中度亏缺光合速率虽然呈现回升趋势，但回升速度较慢且始终低于对照组，仍然与对照组存在一定差异。与对照组处理 W0 相比，W1 处理相对减少 2.44%，W2 处理相对减

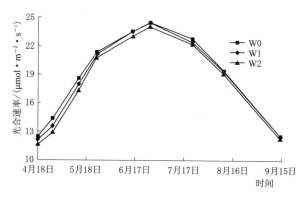

图 4.1　在开花坐果期进行不同调亏处理核桃树叶片光合速率变化（2018 年）

少 4.94%。

对核桃树在果实膨大期（5 月 11 日—6 月 8 日）进行不同调亏处理，分析叶片光合速率变化情况。2018 年试验以 W0、W3、W4 三个处理为例，对其进行对比分析。由图 4.2 可以看出，在核桃树开花坐果期（4 月 16 日—5 月 10 日），由于各处理均为充分灌溉，光合速率基本一致，约为 13.46$\mu$mol · m$^{-2}$ · s$^{-1}$。当核桃树进入果实膨大期后，W3、W4 处理开始进行不同程度的调亏。由于土壤水分对核桃树发育影响显著，核桃树叶片也出现同样的变化趋势，即调亏程度越大，光合速率相对下降程度越大。与对照处理 W0 相比，W3 处理相对减少 4.94%，W4 处理相对减少 9.88%。其次，随着调亏时间的增加，光合速率差值逐渐扩大。从硬核期（6 月 9 日—7 月 8 日）到油脂转化期（7 月 9 日—8 月 31 日）W3 处理光合速率下降幅度由 3.31% 扩大到 6.57%，而 W4 处理光合速率下降幅度由 7.40% 扩大到 12.37%。说明在调亏初期，叶片存在一定适应性，使光合速率虽然存在一定下降，但下降幅度较小，而随着时间的推移，持续性的水分亏缺已经对叶片正常的生理发育产生较大的影响，使叶片光合速率出现

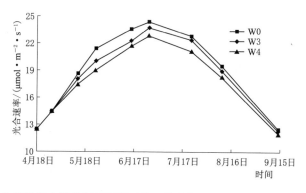

图 4.2　在果实膨大期进行不同调亏处理核桃树叶片光合速率变化（2018 年）

明显的下降。与开花坐果期进行调亏灌溉相比，果实膨大期亏缺对叶片影响程度较大。轻度调亏下降幅度增加 15.74%，中度调亏下降幅度增加 20.62%。

硬核期（6 月 9 日—7 月 8 日）恢复充分灌溉后，各调亏处理光合速率均出现相对回升趋势。其中经过复水后，轻度调亏差幅虽然呈现一定的缩小趋势，但仍然存在 4.11% 的差幅。而中度亏缺光合速率与对照组相比，存在 7.26% 的差幅。由此可以证明，果实膨大期调亏对核桃树生理发育的影响大于开花坐果期对核桃树进行调亏灌溉。其次，核桃树果实膨大期对水分变化较为敏感。

对核桃树在开花坐果期和果实膨大期均进行不同程度的调亏灌溉，分析叶片光合速率变化情况。2018 年试验以 W0、W5、W6 三个处理为例，对其进行对比分析。由图 4.3 可以看出，叶片光合速率在全生育期呈现明显的单峰变化趋势，在 7 月上旬达到最大值。对比各处理，由于核桃树在开花坐果期和果实膨大期均进行调亏灌溉，在该时段不同处理叶片光合速率呈现明显的差异，即 W0＞W5＞W6。在开花坐果期，与对照组相比，W5 处理光合速率减少 4.22%，W6 处理减少 8.74%，这与单独在开花坐果期进行调亏灌溉数据相似。而在果实膨大期，与对照组相比，W5 处理光合速率减少 7.03%，W6 处理减少 14.35%，这与单独在果实膨大期进行调亏灌溉数据存在一定差异。

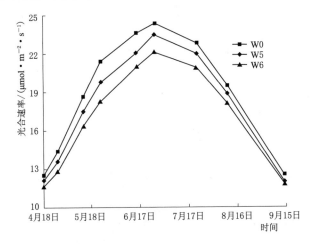

图 4.3　在开花坐果期和果实膨大期均进行不同调亏处理
核桃树叶片光合速率变化（2018 年）

当进入硬核期（6 月 9 日—7 月 8 日）进行复水处理后，各调亏处理光合速率均出现相对回升趋势。其中轻度亏缺经复水处理后回升速度较快，而中度亏缺光合速率回升速度较慢。与对照组 W0 相比，W1 处理相对减少 5.02%，W2 处理相对减少 10.14%。这可能是因为长时间的水分胁迫导致核桃树叶片光合系统受到的损伤较大，作物本身的"自我修复"体系难以完全修复所致。

2021 年试验研究发现不同处理核桃树调亏灌溉的光合速率生育期变化如图 4.4 所示，其大体变化特征表现为开花坐果期（4 月 28 日—5 月 25 日）W0＞ W2＞W4＞W1＞W3，开花坐果期后期（5 月 17—25 日）W2＞W0＞W4＞W1 ＞W3，W1、W2、W3、W4、W0 各处理均值为 18.91、22.99、16.06、19.47、 22.89，W2 较 W0 处理增加 0.10；W1、W3、W4 较 W0 处理减少 3.98、6.83、 3.42，不同处理光合速率呈现出随生育期变化而增长趋势，且峰值大致出现在 7 月 23 日。如图 4.4（a）所示 W1、W3、W0 处理峰值为 24.07、19.37、26.90， 且 W0 和 W1 相比于 W3，大体存在显著性差异，而 W1 与 W3 处理也存在显著 性差异。如图 4.4（b）所示 W2、W4、W0 处理峰值为 27.53、24.53、26.90， 且 W4 与 W2、W0 处理存在显著性差异，而 W2 与 W0 处理之间无显著性差异。

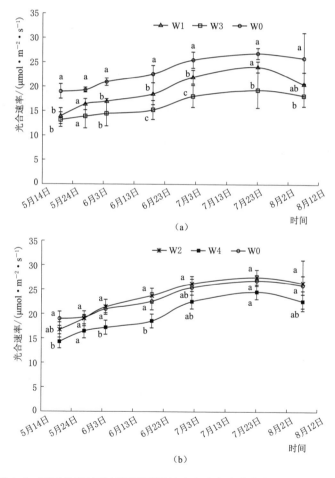

图 4.4　不同处理核桃树调亏灌溉的光合速率生育期变化（2021 年）

通过图 4.4 可见不同处理间光合速率随生育期的大体变化趋势,在生育期前期进行初次生育期观测的光合速率为最小值,至 7 月 23 日光合速率逐渐增大至最大值,随后呈现出递减的变化趋势,这可能是因为生育期前期太阳辐射及温度较低,随着生育期变化,太阳辐射及温度逐渐升高,直到最大值,接着随着生育期变化太阳辐射及温度逐渐降低,导致光合速率呈现出相似的变化趋势。

### 4.1.2 不同调亏处理对核桃树叶片全生育期蒸腾作用的影响

叶片蒸腾速率不仅受外界环境条件影响,同时也受植物本身调控机制影响。对核桃树在开花坐果期进行不同调亏处理,分析叶片蒸腾速率变化情况。2018 年试验以 W0、W1、W2 三个处理为例,对其进行对比分析。由图 4.5 可以看出,在开花坐果期(4 月 16 日—5 月 10 日)进行调亏后,各处理蒸腾速率出现明显的差异,表现为 W0 处理>W1 处理>W2 处理。其中在调亏初期(4 月 16—25 日),W1 处理的蒸腾速率与对照组 W0 相似,均为 $2.70 \sim 2.80 \, \mathrm{mmol \cdot m^{-2} \cdot s^{-1}}$。这表明在调亏初期,果树存在一定的自我调节能力,保证植物蒸腾不受影响。而随着水分受限对果树影响时间的增加,作物不可避免地需要减少叶片蒸腾,以保证自身其他器官水分供给。而 W2 处理的蒸腾速率在调亏初期就已经低于对照组 11.43%,这表明果树自我调节能力存在一定限制,当大于这个限制时,蒸腾速率立即开始下降。

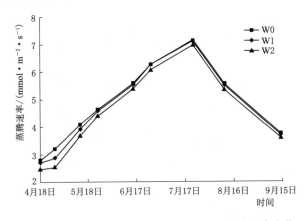

图 4.5 在开花坐果期进行不同调亏处理核桃树叶片蒸腾速率变化(2018 年)

当在果实膨大期(5 月 11 日—6 月 8 日)进行复水后,轻度水分亏缺的叶片蒸腾速率均恢复,并与对照组相似。而中度水分胁迫处理的叶片蒸腾速率恢复较慢,至 5 月 24 日时仍低于对照组,存在 5.39% 的差幅。这可能是前期的水分胁迫显著地影响了叶片的气孔开度,导致在核桃树果实膨大期叶片的气孔导度仍低于对照组,也有可能是水分亏缺使叶片内部生成相关酶的器官受损,导致叶片蒸腾速率下降。

对核桃树在果实膨大期进行不同调亏处理，分析叶片蒸腾速率变化情况。2018 年试验以 W0、W3、W4 三个处理为例，对其进行对比分析。由图 4.6 可以看出，在开花坐果期（4 月 16 日—5 月 10 日），各处理均为充分灌溉，叶片蒸腾速率相似，在 $2.7 \sim 3.21 \text{mmol} \cdot \text{m}^{-2} \cdot \text{s}^{-1}$ 之间波动。当进入果实膨大期（5 月 11 日—6 月 8 日）后，各处理开始进行调亏灌溉，W3、W4 处理受到水分亏缺的限制，导致蒸腾速率出现不同程度的下降，即 W0＞W3＞W4 处理。与 W0 相比，在该时期，W3 下降 2.76%，W4 下降 7.57%。当进入硬核期（6 月 9 日—7 月 8 日）后，各处理开始进行复水处理，调亏处理蒸腾速率开始出现不同程度的回升，但均没有回升到对照组水平，且仍表现为 W0＞W3＞W4 处理。与 W0 相比，在该时期，W3 下降 1.23%，W4 下降 3.63%。最终到 7 月 22 日达到全生育期最大值，为 $6.97 \sim 7.16 \text{mmol} \cdot \text{m}^{-2} \cdot \text{s}^{-1}$。然后各处理蒸腾速率开始下降，直至生育期结束，为 $3.59 \sim 3.74 \text{mmol} \cdot \text{m}^{-2} \cdot \text{s}^{-1}$。

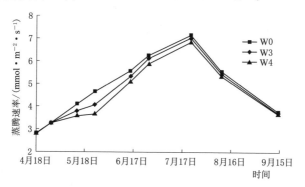

图 4.6　在果实膨大期进行不同调亏处理核桃树叶片蒸腾速率变化（2018 年）

对核桃树在开花坐果期和果实膨大期均进行不同程度的调亏灌溉，分析叶片蒸腾速率变化情况。2018 年实验以 W0、W5、W6 三个处理为例，对其进行对比分析。由图 4.7 可以看出，在开花坐果期（4 月 16 日—5 月 10 日）进行调亏后，试验组与对照组蒸腾速率开始出现差异。与对照处理 W0 相比，在调亏初期（4 月 18 日），W5 与 W0 相差 4.29%，W6 与 W0 相差 11.79%；而随着时间的推移，该差幅逐渐扩大，至调亏末期（5 月 24 日）W5 与 W0 相差 14.66%，W6 与 W0 相差 26.08%。与图 4.5、图 4.6 对比发现，在开花坐果期，W3 和 W4 基本一致，无显著差异，但到果实膨大期（5 月 11 日—6 月 8 日）时，W5、W6 与对照组的差异性显著高于 W3、W4 与对照组的差异性。因此说明调亏对作物的损伤存在一定累积效应。当在硬核期（6 月 9 日—7 月 8 日）进行复水后，试验组与对照组的差异性逐渐减少，至硬核期末期时（6 月 26 日），W5 与 W0 相差 3.52%，W6 与 W0 相差 8.80%。与图 4.5、图 4.6

对比表明，该差异性远大于 W1、W2 与 W0 和 W3、W4 与 W0 之间的差异性。因此说明长时间的调亏会加剧叶片损伤，导致蒸腾速率出现下降，即使经过复水处理，也难以恢复至对照组水平，甚至与某个生育期进行亏缺后复水也存在一定差异。

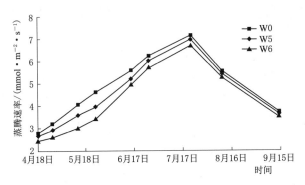

图 4.7　在开花坐果期和果实膨大期均进行不同调亏
处理核桃树叶片蒸腾速率变化（2018 年）

2021 年试验研究发现不同调亏处理核桃树蒸腾速率生育期变化如图 4.8 所示，开花坐果期（4 月 28 日—5 月 25 日）蒸腾速率大体变化趋势为 W0＞W2＞W4＞W1＞W3，开花坐果期后期（5 月 17—25 日）为 W2＞W0＞W4＞W1＞W3，W1、W2、W3、W4、W0 各均值为 5.81、6.86、4.47、6.03、6.80，W2 较 W0 处理增加 0.06；W1、W3、W4 较 W0 处理减少 0.99、2.33、0.78，不同调亏处理随着生育期变化呈现出逐渐增长的变化趋势，且峰值出现在 7 月 23 日。通过图 4.8（a）可见 W1、W0 处理在生育期前期存在显著性差异，后期不存在显著性差异，而 W3 与 W1、W0 存在显著性差异。通过图 4.8（b）可见 W2、W4、W0 处理不存在显著性差异。

通过图 4.8 可见不同调亏处理蒸腾速率随生育期的变化呈现出生育期前期蒸腾速率为最小值，随着生育期蒸腾速率逐渐增长，至 7 月 23 日达到峰值，随后蒸腾速率又逐渐减小，这可能是在生育前期太阳辐射及温度较低，导致其核桃树叶片在进行光合作用时，叶片蒸腾速率较小，随着生育期变化，太阳辐射及温度逐渐变大，叶片的光合作用随之增强，进一步使得叶片蒸腾速率变大，随着太阳辐射及温度减弱，W1、W2、W0 叶片蒸腾速率减少，而 W3、W4 呈现出增加的趋势，这可能是由于在萌芽期（4 月 11—27 日）、开花坐果期（4 月 28 日—5 月 25 日）、果实膨大期（5 月 26 日—6 月 23 日）进行连续的中、轻度调亏，果实膨大期后正常灌水后，叶片当中的水分逐渐增加，从而使得蒸腾速度也随之增加。

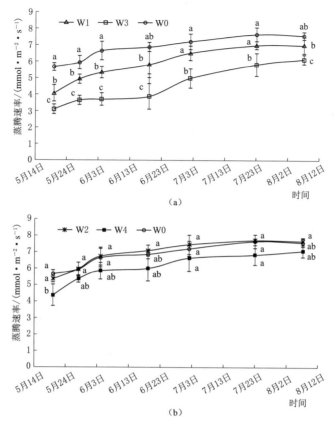

图 4.8    不同调亏处理核桃树叶片蒸腾速率随生育期的变化（2021 年）

### 4.1.3    不同调亏处理对核桃树叶片全生育期气孔导度的影响

气孔是植物进行外界气体交换的主要通道，气孔导度是气孔的定量标准，在一定程度上可以表述为气孔大小等相关参数。探究不同生育期、不同调亏强度下水分亏缺对气孔导度的生理影响对于认知植物生理生态发育等均有重要意义。对核桃树在开花坐果期进行不同调亏处理，分析叶片气孔导度变化情况。2018 年试验以 W0、W1、W2 三个处理为例，对其进行对比分析。由图 4.9 可以看出在全生育期，气孔导度呈现单峰曲线，在 7 月中下旬，为全生育期最高峰。在调亏初期（4 月 18 日），轻度调亏与对照组无差异，但中度调亏与对照组存在一定差异，W2 与 W0 相比，减少 22.43%。随着调亏时间的增加，轻度调亏与对照处理 W0 开始存在差异，至调亏结束前（4 月 27 日），W1 与 W0 相比，减少 9.65%。

果实膨大期（5 月 11 日—6 月 8 日）W1、W2 处理开始进行复水，叶片气孔导度开始出现回升，至果实膨大期结束时（6 月 8 日），W1 与 W0 相比，增加

4.59％；W2 与 W0 相比，减少 5.59％。因此当进行复水后，轻度调亏的气孔导度会呈现明显的恢复，甚至出现高于对照组的情况，而中度调亏由于亏缺时间较长，对叶片损伤较为严重，即使经过复水处理，气孔导度也难以恢复至对照组水平。

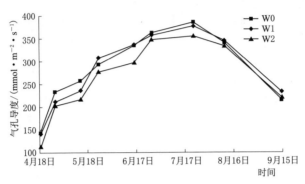

图 4.9  在开花坐果期进行不同调亏处理核桃树叶片气孔导度变化（2018 年）

对核桃树在果实膨大期进行不同调亏处理，分析叶片气孔导度变化情况。2018 年试验以 W0、W3、W4 三个处理为例，对其进行对比分析。由图 4.10 可以看出，在开花坐果期（4 月 16 日—5 月 10 日），各处理均未进行调亏，处理间差异较小，仅为 −3.54％～2.45％。随着生育期的推进，核桃树进入果实膨大期（5 月 11 日—6 月 8 日），开始进行调亏，各处理间差异开始凸显，至该生育期末（6 月 8 日），W3 与 W0 相比，减少 10.26％；W4 与 W0 相比，减少 15.31％。当核桃树进入硬核期（6 月 9 日—7 月 8 日）后，各处理气孔导度开始回升，并向对照组（W0）靠拢，至 6 月 26 日时，W3 与 W0 相比，减少 5.86％；W4 与 W0 相比，减少 8.04％。

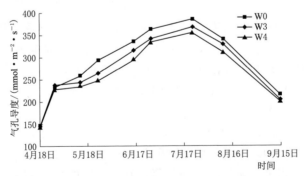

图 4.10  在果实膨大期进行不同调亏处理核桃树叶片气孔导度变化（2018 年）

对核桃树在开花坐果期和果实膨大期均进行不同程度的调亏灌溉，分析叶片气孔导度变化情况。2018 年试验以 W0、W5、W6 三个处理为例，对其进行对比分析。由图 4.11 可以看出，在开花坐果期（4 月 16 日—5 月 10 日）进行调亏后，轻度水分亏缺（W5）与对照组差异较小，但中度水分亏缺（W6）与对照组差异较大，差幅达 8.34%。而后，随着调亏时间的增加，该差幅逐渐扩大至 13.24%。而轻度调亏也出现一定差异性，差幅达到了 9.65%。随着时间的推进，在果实膨大期（5 月 11 日—6 月 8 日）仍然进行调亏，相比对照组，轻度调亏减少了 15.51%，中度调亏减少了 20.76%。当在硬核期（6 月 9 日—7 月 8 日）进行复水后，W5、W6 处理均出现不同程度的回升，至硬核期末，W5 处理叶片气孔导度为对照组的 92.65%，而 W6 处理仅为对照组的 88.55%。

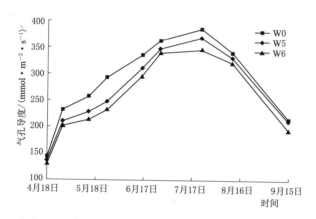

图 4.11　在开花坐果期和果实膨大期均进行不同调亏
处理核桃树叶片气孔导度变化（2018 年）

2021 年试验研究不同调亏处理核桃树叶片气孔导度生育期变化，如图 4.12 所示，各个处理开花坐果期后期（5 月 17—25 日）气孔导度大体变化由大至小为 W2＞W0＞W4＞W1＞W3，这主要是由于不同程度调亏会使叶片中含水量不同，在保证太阳辐射及温度一致的前提下，调亏程度越大对降低叶片的气孔导度越明显，W1、W2、W3、W4、W0 各个处理叶片中的气孔导度均值为 200.71、262.97、158.96、214.73、248.60，W2 与 W0 相比增加了 14.37，W1、W3、W4 与 W0 相比减少了 47.89、89.64、33.87。由图 4.12（a）得知 W1、W3、W0 各处理随生育期大体变化存在显著性差异，由图 4.12（b）得知 W2、W0 不存在显著性差异，W2 与 W4 存在显著性差异，并通过 W2 与 W0 处理可见，在开花坐果期 W0 处理气孔导度大于 W2 处理气孔导度，而开花坐果期后期 W0 处理气孔导度小于 W2 处理气孔导度，产生此现象原因是开花坐果期进行调亏，会使植物吸收的水分传导至叶片中减少，在进行光合作用时，在相同的太阳辐射及温度下会导致气孔导度减少，W2 处理在开花坐果期后期进行复水后，会产生一定的生长补偿作用，会使叶片中含水量增加，光合作用效果增强。

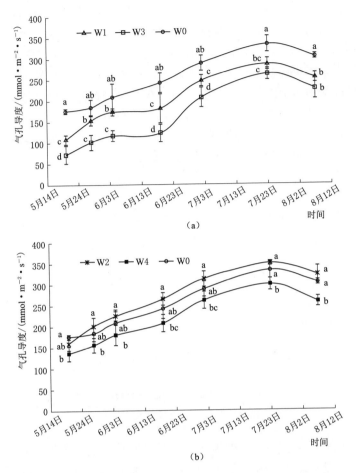

图 4.12 不同处理核桃树叶片气孔导度生育期变化（2021年）

由图 4.12 可以看出在开花坐果期各个处理气孔导度值最小，W1、W2、W3、W4、W0 分别为 108.00、160.25、72.33、136.50、176.00，随后气孔导度逐渐变大直至达到峰值为 287.00、350.50、262.75、300.25、334.00，最后各个处理气孔导度又逐渐变小。

## 4.2 调亏灌溉下核桃树光合特性的日变化

### 4.2.1 不同调亏处理对核桃树叶片光合作用的影响

为研究核桃树在开花坐果期不同调亏模式下叶片光合速率变化情况，2018 年试验以 W0、W1、W2 三个处理为例，对其进行对比分析，如图 4.13 所示。由图

4.13（a）可知，在观测时段（10：00—20：00）内，三个处理均呈现出明显的单峰日变化特征，最大值出现在 14：00，分别是 W0 处理的光合速率为 $12.77\mu mol \cdot m^{-2} \cdot s^{-1}$、W1 为 $12.00\mu mol \cdot m^{-2} \cdot s^{-1}$，W2 为 $11.10\mu mol \cdot m^{-2} \cdot s^{-1}$。在该时段内各处理光合速率呈现出明显的差异分布，即 W0>W1>W2 处理。其中叶片 10：00—14：00 光合速率均值明显高于 14：00—20：00，这可能是夜间地下水对土壤进行水分补充，使 10：00—14：00 土壤水分较为充足，利于植物进行光合作用。但到 14：00 以后，土体土壤水分不足，难以满足果树充分进行光合的消耗，造成水分限制，最终使光合速率下降较快。对比 10：00—14：00 与 14：00—20：00 各处理间的差幅，发现 10：00—14：00 各处理间最大差幅为 11.11%，而 14：00—20：00 急剧增加到 43.24%，该结果表明：对果树进行水分亏缺后，叶片光合特性变化显著发生时间主要集中在 14：00—20：00，且调亏强度越大，叶片光合速率下降幅度越大。以 16：00 数据为例：其他处理与 W0 处理相比，W1 处理下降 15.57%，W2 处理下降 57.28%。

　　W0、W1、W2 处理经开花坐果期进行调亏，然后在果实膨大期进行复水。复水时果实膨大期各处理数据变化趋势如图 4.13（b）所示。由图 4.13（b）可以看出，在观测时段内（10：00—20：00），3 个处理均呈现出明显的单峰日变化特征。与开花坐果期进行调亏的各处理差幅相比，在该时期各处理间差幅均呈现出明显的减少。在该时期其他处理与 W0 处理相比，W1 处理下降 5.25%，W2 处理下降 14.89%。说明调亏处理经复水后，轻度亏缺的 W1 处理叶片恢复较好，光合速率与对照处理 W0 差幅较小。中度亏缺的 W2 处理光合速率由于在开花坐果期受水分限制的影响，可能对叶片光合系统的发育造成影响，即使经过复水处理后，作物本身的"自我修复"体系难以完全修复。

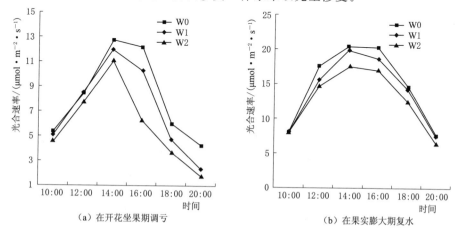

（a）在开花坐果期调亏　　　　　　（b）在果实膨大期复水

图 4.13　核桃树在开花坐果期调亏及在果实膨大期进行
复水后的光合速率变化（2018 年）

为研究果实膨大期不同调亏模式下核桃树叶片光合速率变化情况，以 W0、W3、W4 三个处理为例，对其进行对比分析。由图 4.14（a）可以看出光合速率在 10：00—20：00 期间，总体呈现单峰曲线变化。在该时段内，W0 和 W3 处理日均最大值均出现在 16：00，分别是 W0 处理的净光合速率为 $23.30\mu mol \cdot m^{-2} \cdot s^{-1}$、W3 为 $18.70\mu mol \cdot m^{-2} \cdot s^{-1}$。而 W4 处理日均最大值则出现在 14：00，为 $16.53\mu mol \cdot m^{-2} \cdot s^{-1}$。说明在轻度水分调亏的 W3 处理模式下，叶片光合速率虽受部分影响，但总体变化趋势与对照处理 W0 相似。但中度调亏的 W4 处理模式下，土壤水分供给不足，使作物光合速率在 14：00 后出现明显的下降，叶片累积养分明显低于其他处理。由 18：00 各处理数据可以看出，虽然轻度调亏的 W3 处理模式下土壤水分可以勉强维持住 18：00 以前叶片光合速率总体变化规律，但 18：00 以后，由于土壤水分供给不足，叶片光合速率出现明显的下降。20：00 以后，最终由于外界光能已经难以满足叶片光合作用需要，叶片光合速率显著减少，各处理光合速率基本一致，为 $7.87\mu mol \cdot m^{-2} \cdot s^{-1}$ 左右。

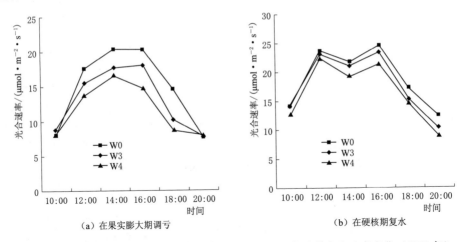

（a）在果实膨大期调亏　　　　　　　　（b）在硬核期复水

图 4.14　核桃树在果实膨大期调亏及在硬核期进行复水后的光合速率变化（2018 年）

当 W3、W4 处理在硬核期进行复水后，其光合速率变化趋势如图 4.14（b）所示。由图 4.14（b）可以看出，不同调亏模式下叶片光合速率日变化趋势呈现不规则的 M 形，2 个峰值分别出现在 12：00 与 16：00，而 14：00 出现了明显的午休现象。对比 3 个处理之间差异，呈现出明显的 W0＞W3＞W4 处理。说明在果实膨大期进行调亏处理对光合速率的影响程度与在开花坐果期相似。调亏会导致叶片光合系统受到损伤，即使经过复水后，作物本身的"自我修复"体系难以完全修复。

对核桃树在开花坐果期和果实膨大期均进行不同程度的调亏灌溉，分析叶片光合速率变化情况。以 W0、W5、W6 三个处理为例，对其进行对比分析。由图 4.15（a）可以看出，在开花坐果期各处理日均光合速率分别是 W0 为 $8.17\mu mol \cdot m^{-2} \cdot s^{-1}$、W5 为 $7.46\mu mol \cdot m^{-2} \cdot s^{-1}$、W6 为 $6.02\mu mol \cdot m^{-2} \cdot s^{-1}$。这与图 4.13（a）单独在开花坐果期进行调亏数值相似。

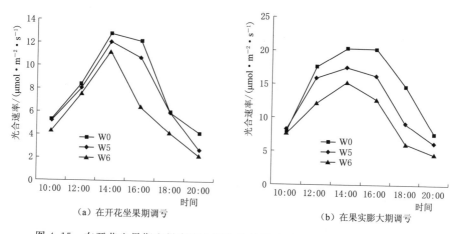

图 4.15    在开花坐果期和果实膨大期均进行调亏后光合速率变化（2018 年）

随着时间的推移，当 W5、W6 处理在果实膨大期后，各处理日均光合速率分别是 W0 为 $7.62\mu mol \cdot m^{-2} \cdot s^{-1}$、W5 为 $6.21\mu mol \cdot m^{-2} \cdot s^{-1}$、W6 为 $4.49\mu mol \cdot m^{-2} \cdot s^{-1}$。与 W3，W4 处理相比，W5 日峰值由 $18.07\mu mol \cdot m^{-2} \cdot s^{-1}$ 下降到 $17.62\mu mol \cdot m^{-2} \cdot s^{-1}$；W6 日峰值由 $16.53\mu mol \cdot m^{-2} \cdot s^{-1}$ 下降到 $15.33\mu mol \cdot m^{-2} \cdot s^{-1}$。因此表明在连续调亏模式下，植物叶片光合速率仍会出现再次下降，但下降幅度较小。

如图 4.16 所示，2019 年试验研究滴灌核桃树调亏及复水后叶片光合速率的日变化情况。调亏时光合速率日变化趋势呈双峰曲线，16：00 出现明显的光合"午休"现象，这是由于核桃树叶片的自身保护功能，为防止过多的蒸腾，避免高温造成水分流失和组织的破坏。复水后，各处理的光合速率日变化趋势变化多端，有的是双峰曲线，有的是单峰曲线，峰值的时间点不同。图 4.16（a）为萌芽期调亏并于开花坐果期复水日变化情况，与 W0 处理相比，W3 处理的日均光合速率增加 10.84%，W4 处理增加 8.05%。W3 处理没有出现光合的"午休"现象。图 4.16（b）为开花坐果期调亏日变化情况，W0 处理的光合速率高于 W1 处理和 W2 处理，但 16：00 除外，其中 W1 处理的日均光合速率降低 16.91%，W2 处理降低 20.19%。图 4.16（c）为开花坐果期调亏并于果实膨大期复水日变化情况，与 W0 处理相比，W1 处理的日均光合速率增加 23.45%，W2 处理增加 22.18%。图 4.16（d）为萌芽期＋开花坐果期轻度调亏日变化情况，W5 日均光合速率高于 W0 处理 12.32％。这可能是连续适宜的亏水加快叶片内部的化学反应引起的。图 4.16（e）为萌芽期＋开花坐果期轻度调亏果实膨大期复水后日变化情况，W5 处理与 W0 处理相比，日均光合速率增加 31.21％。复水后均提高光合速率可能是由于足够的水分，滴灌核桃树在复水后光合速率均出现补偿，其中萌芽期＋开花坐果期轻度调亏复水后光合速率大幅度提高，补偿效果最大；萌芽期调亏开花坐果期复水后，W4 处理补偿效果最不明显。

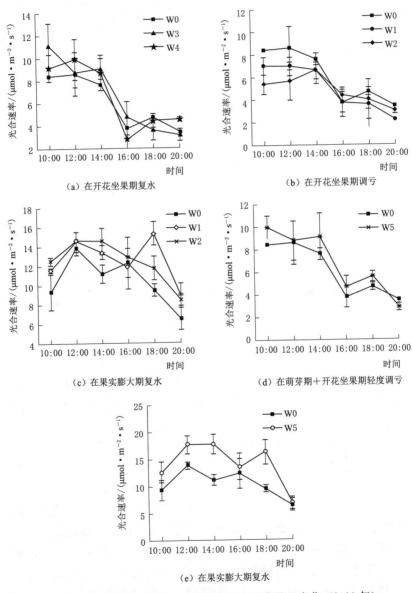

（a）在开花坐果期复水

（b）在开花坐果期调亏

（c）在果实膨大期复水

（d）在萌芽期＋开花坐果期轻度调亏

（e）在果实膨大期复水

图 4.16　调亏灌溉及复水后核桃树光合速率的日变化（2019 年）

　　由 2021 年试验研究的光合速率日变化（图 4.17）得知，不同调亏处理光合速率曲线呈 M 形变化趋势，该曲线在 10：00—14：00 光合速率随太阳辐射强度增大而逐渐增加，之所以在 16：00 光合速率值减小是由于当 12：00—14：00 太阳辐射达到最大值时，核桃树为了满足自身的生长需要，进入午休状态，从而使得进行光合作用时光合速率减小，当午休结束后 18：00 叶片进行光合作用光合速率有所增大，18：00 过后随着太阳辐射减小光合速率也相对减小。

　　如图 4.17（a）所示，与 W0 处理相比，W1 在全天的不同时刻都低于 W0，且日均值光合速率减少 4.48；如图 4.17（b）所示，W2 与 W0 处理不同时刻相比，在日出日落太阳辐射较弱情况下，W2 与 W0 处理的光合速率差异较小，在太阳辐射充足时两种处理光合速率相对来说差异大；W2 处理比 W0 的光合速率日均值减少 1.04；如图 4.17（c）所示，W3 与 W0 处理相比，光合速率日均值减少了 5.04；如图 4.17（d）所示，W4 与 W0 处理相比，光合速率日均值减少了 2.01。对比不同处理光合速率值表明，10：00、12：00 W0 与 W3 存在显著性差异，14：00、18：00、20：00 W0 与 W1、W3 存在显著性差异，16：00 各个处理不存在显著性差异，这可能是由于在此刻植物出现午休现象，缩小了各个处理之间光合速率差距，并且各个处理与 W0 处理相比，变化最显著的是 W3 处理。

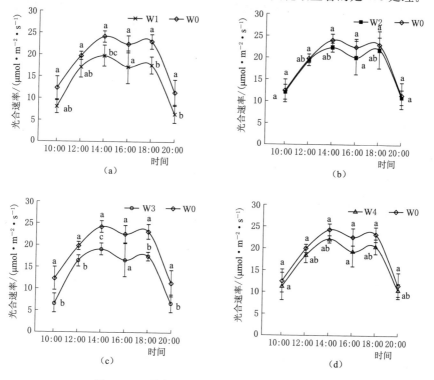

图 4.17　不同处理光合速率日变化（2021 年）

## 4.2.2 不同调亏处理对核桃树叶片蒸腾作用的影响

为研究核桃树在开花坐果期进行不同调亏处理，叶片蒸腾率变化情况，2018年试验以 W0、W1、W2 三个处理为例，对其进行对比分析，如图 4.18 所示。由图 4.18（a）可以看出，在开花坐果期，叶片蒸腾速率观测时段（10：00—20：00）内呈现先增加、后减少的单峰曲线变化。从早上 10：00，蒸腾速率为 $1.76\sim1.84\mathrm{mmol\cdot m^{-2}\cdot s^{-1}}$，而后随着太阳辐射的增加，蒸腾速率也随之增加，在 14：00 达到最大值，为 $2.59\sim3.23\mathrm{mmol\cdot m^{-2}\cdot s^{-1}}$。而后叶片蒸腾速率快速下降，到 20：00 为 $0.54\sim1.69\mathrm{mmol\cdot m^{-2}\cdot s^{-1}}$。说明在 14：00—20：00 时段，蒸腾速率下降速率显著高于 10：00—14：00。这可能是土壤在夜间存在地下水补给，而白天植物持续消耗土壤水分，致使土壤在午后可能存在水分不足的情况。与 W0 处理相比，W1、W2 处理在 10：00—14：00 下降幅度相似，而在 14：00—20：00，则出现了明显的 W0＞W1＞W2 处理，可能在 14：00—20：00，土壤水分供给不足，导致各处理之间差距扩大。

核桃树在果实膨大期进行复水处理后，其蒸腾速度变化情况如图 4.18（b）所示，在果实膨大期，各处理蒸腾速率日变化趋势总体一致，为 $4.22\sim4.47\mathrm{mmol\cdot m^{-2}\cdot s^{-1}}$。对比各处理之间差异，除 14：00 外蒸腾速率变化趋势均为 W0＝W1＞W2 处理。说明当进行复水处理后，W1 处理叶片蒸腾速率恢复较快，与 W0 处理相比基本无差异，而 W2 处理则与 W0 处理存在 6.85% 差异。而 14：00 时 W0 和 W1 的差异，可能是由于在开花坐果期轻度调亏对叶片光合系统造成一定的损伤，使最大蒸腾速率有所下降。

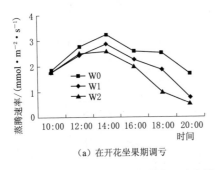
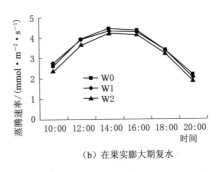

（a）在开花坐果期调亏　　　　　　（b）在果实膨大期复水

图 4.18　核桃树在开花坐果期调亏及在果实膨大期进行复水后蒸腾速率变化（2018年）

为研究核桃树在果实膨大期进行不同调亏处理，叶片蒸腾速率变化情况，2018年试验以 W0、W3、W4 三个处理为例，对其进行对比分析，由图 4.19（a）可以看出，各处理日均蒸腾速率分别为 $\mathrm{W0}=3.48\mu\mathrm{mol\cdot m^{-2}\cdot s^{-1}}$、$\mathrm{W3}=3.00\mu\mathrm{mol\cdot m^{-2}\cdot s^{-1}}$、$\mathrm{W4}=2.74\mu\mathrm{mol\cdot m^{-2}\cdot s^{-1}}$。其他处理与 W0 相

比，W3 处理的蒸腾速率仅为 W0 的 86.21%，W4 处理的蒸腾速率仅为 W0 的 78.74%。在果实膨大期初期，呈现 W0＞W3＝W4 处理，说明当果树进行调亏后，在每日的开始时，就受到水分亏缺的限制，使蒸腾速率下降，但是在每日初期阶段，蒸腾速率下降幅度可能受多种因素影响，致使出现 W3＝W4 处理现象。而后，随着时间的推移，W3 与 W4 处理之间开始出现差异，最终呈现为 W0＞W3＞W4 处理，且差异显著。

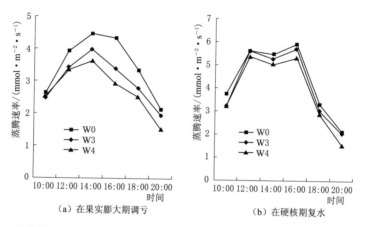

（a）在果实膨大期调亏　　　　　（b）在硬核期复水

图 4.19　核桃树在果实膨大期调亏及在硬核期进行复水后的蒸腾速率变化（2018 年）

当 W3、W4 处理在硬核期进行复水处理后，由图 4.19（b）可以看出。在硬核期，各处理日蒸腾速率均呈现先增加、后减少，然后再增加、再减少的双峰 M 形曲线变化。峰值分别在 12：00（$5.36 \sim 5.63 \mu mol \cdot m^{-2} \cdot s^{-1}$）和 16：00（$5.33 \sim 5.92 \mu mol \cdot m^{-2} \cdot s^{-1}$）。出现双峰的原因是在 14：00，日照强度过大，植物为减少叶片内部水分流失速率，使叶片保卫细胞开始半开甚至关闭状态，最终致使蒸腾速率出现下降。对比各处理数值之间差异性，结果表明各处理之间差异显著，总体呈现 W0＞W3＞W4 处理。即与 W0 处理相比，W3 日均蒸腾速率减少 4.44%，W4 减少 10.83%。故 W3、W4 经过复水后，均出现了一定程度的回升，但由于调亏导致叶片光合系统受损，回升后仍然与对照处理 W0 存在一定差异，且减少幅度与调亏强度有关。

对核桃树在开花坐果期和果实膨大期均进行不同程度的调亏灌溉，研究叶片蒸腾速率的变化情况。以 W0、W5、W6 三个处理为例，由图 4.20（a）可以看出，在开花坐果期进行调亏后时，各处理日均蒸腾量分别为 W0＝$2.44 \mu mol \cdot m^{-2} \cdot s^{-1}$、W5＝$2.06 \mu mol \cdot m^{-2} \cdot s^{-1}$、W6＝$1.82 \mu mol \cdot m^{-2} \cdot s^{-1}$。W5 只有 W0 的 84.43%，W6 只有 W0 的 74.59%。与图 4.20（a）对比，两者无较大差异。由图 4.20（b）可以看出，在果实膨大期进行调亏后，各处理日均蒸腾量分别为 W0＝$3.48 \mu mol \cdot m^{-2} \cdot s^{-1}$、W5＝$2.94 \mu mol \cdot m^{-2} \cdot s^{-1}$、W6＝$2.43 \mu mol \cdot$

$m^{-2} \cdot s^{-1}$。又与图 4.20（a）进行比较，两者变化趋势相同，但是 W5、W6 的蒸腾速率下降幅度大于 W3、W4 处理。

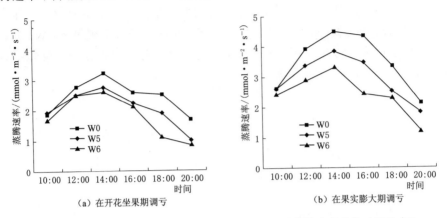

（a）在开花坐果期调亏　　　　　　　（b）在果实膨大期调亏

图 4.20　在开花坐果期和果实膨大期均进行调亏后蒸腾速率变化（2018 年）

当 W5、W6 处理在硬核期进行复水后，由图 4.21 可以看出。各处理叶片蒸腾速率均出现不同程度的回升。W0、W5、W6 处理日均蒸腾速率分别为 W0 = $4.36\mu mol \cdot m^{-2} \cdot s^{-1}$、W5 = $4.21\mu mol \cdot m^{-2} \cdot s^{-1}$、W6 = $3.99\mu mol \cdot m^{-2} \cdot s^{-1}$。呈现出明显的 W0 > W5 > W6 处理。其中与 W0 处理相比，W5 减少了 3.44%，W6 处理减少了 8.49%。故随着调亏时间的增加，对叶片蒸腾速率影响程度将增加。

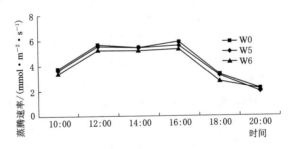

图 4.21　在硬核期进行复水处理后蒸腾速率变化（2018 年）

如图 4.22 所示，2019 年试验研究滴灌核桃树调亏及复水后的叶片蒸腾速率日变化情况。调亏灌溉时除去 W0 处理，滴灌核桃树的各个处理日变化趋势呈单峰曲线。复水后，同样除去 W0 处理，各处理的蒸腾速率日变化趋势也呈单峰曲线，但峰值所在的时间点不同。图 4.22（a）为萌芽期调亏开花坐果期复水日变化趋势，各处理日均蒸腾速率低于 W0 处理，W3 处理降低 15.45%，W4 处理降低 9.62%。经过复水，没有恢复到正常水平，由于前期土壤水分束缚，作物本身的"自我修复"体系修复缓慢，可能导致蒸腾速率值增长缓慢。图

4.22（b）为开花坐果期调亏，各处理随调亏程度加重，蒸腾速率降低幅度呈增加的趋势。与 W0 处理相比，W1 处理日均蒸腾速率降低 23.02%，W2 处理降低 29.92%，W1、W2 处理的日变化范围较小，整体趋势趋于平缓。图 4.22（c）为开花坐果期调亏并于果实膨大期复水日变化情况，与 W0 处理相比，W1 处理增加 15.92%，W2 处理增加 11.55%。图 4.22（d）为萌芽期＋开花坐果期轻度调亏，与 W0 处理相比，W5 处理降低 4.80%。图 4.22（e）为萌芽期＋开花坐果期轻度调亏并于果实膨大期复水叶片蒸腾速率日变化情况，W5 处理明显高于 W0 处理，增加 17.42%。以上可得，开花坐果期调亏和萌芽期＋开

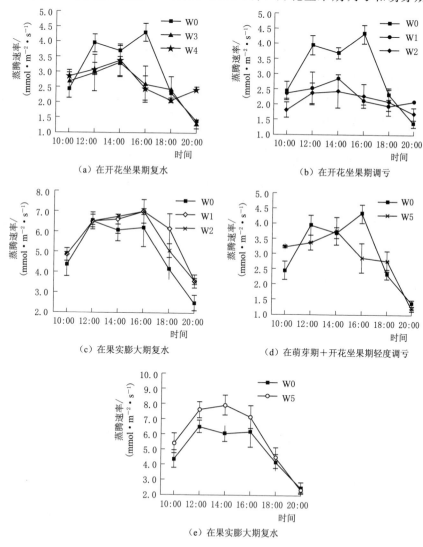

图 4.22　调亏灌溉及复水后核桃树蒸腾速率的日变化（2019 年）

花坐果期轻度调亏均降低蒸腾速率，开花坐果期调亏蒸腾速率减少得最多；萌芽期＋开花坐果期轻度调亏复水后的蒸腾速率的补偿最多；在开花坐果期调亏复水后，轻度调亏的补偿蒸腾速率大于中度调亏。

2021 年试验研究的不同处理蒸腾速率日变化如图 4.23 所示，各个处理不同变化趋势在初始 10：00，此刻温度还相对较低，导致叶片蒸腾速率较弱，此刻 W1、W2、W3、W4 与 W0 各个处理蒸腾速率为：4.07mmol・m$^{-2}$・s$^{-1}$、6.37mmol・m$^{-2}$・s$^{-1}$、3.52mmol・m$^{-2}$・s$^{-1}$、5.74mmol・m$^{-2}$・s$^{-1}$、6.45mmol・m$^{-2}$・s$^{-1}$，各处理与 W0 相比，W1 的蒸腾速率减少 2.38mmol・m$^{-2}$・s$^{-1}$，W2 的蒸腾速率减少 0.09mmol・m$^{-2}$・s$^{-1}$，W3 的蒸腾速率减少 2.93mmol・m$^{-2}$・s$^{-1}$，W4 的蒸腾速率减少 0.71mmol・m$^{-2}$・s$^{-1}$，然后随着温度升高，蒸腾速率不断增加，当达到最大值时 W1、W2、W3、W4 与 W0 各个处理蒸腾速率为 7.49mmol・m$^{-2}$・s$^{-1}$、7.68mmol・m$^{-2}$・s$^{-1}$、6.91mmol・m$^{-2}$・s$^{-1}$、7.60mmol・m$^{-2}$・s$^{-1}$、9.69mmol・m$^{-2}$・s$^{-1}$，此时 W1 比 W0 的蒸腾速率减少 2.20mmol・m$^{-2}$・s$^{-1}$，W2 比 W0 的蒸腾速率减少 2.01mmol・m$^{-2}$・s$^{-1}$，W3、W4 比 W0 的蒸腾速率减少 2.78mmol・m$^{-2}$・s$^{-1}$、2.09mmol・m$^{-2}$・s$^{-1}$，然后随着气温下降，叶片蒸腾速率相应减弱，在 20：00 蒸腾速率达到最小值，各个处理为：2.85mmol・m$^{-2}$・s$^{-1}$、4.29mmol・m$^{-2}$・s$^{-1}$、2.79mmol・m$^{-2}$・s$^{-1}$、4.02mmol・m$^{-2}$・s$^{-1}$、5.03mmol・m$^{-2}$・s$^{-1}$，W1 比 W0 的蒸腾速率减少 2.18mmol・m$^{-2}$・s$^{-1}$，W2 比 W0 的蒸腾速率减少 0.74mmol・m$^{-2}$・s$^{-1}$，W3、W4 比 W0 的蒸腾速率减少 2.24mmol・m$^{-2}$・s$^{-1}$、1.01mmol・m$^{-2}$・s$^{-1}$。

如图 4.23（a）所示，与 W0 相比各个时刻 W1 均较低，日均值蒸腾速率减少 1.99mmol・m$^{-2}$・s$^{-1}$；如图 4.23（b）所示，各个时刻 W2 与 W0 处理相比均较低，日均值蒸腾速率减少 1.09mmol・m$^{-2}$・s$^{-1}$；如图 4.23（c）所示，与 W0 相比各个时刻 W3 均较低，日均值蒸腾速率减少 2.36mmol・m$^{-2}$・s$^{-1}$；如图 4.23（d）所示，各个时刻 W4 与 W0 处理相比低于对照组，日均值蒸腾速率减少 1.38mmol・m$^{-2}$・s$^{-1}$，之所以各个处理低于对照组蒸腾速率是因为萌芽期、开花坐果期、果实膨大期连续调亏处理及单生育期轻度调亏，会导致叶片中水分含量存在不同程度差异，也会导致蒸腾速率存在变化。且各个处理蒸腾速率由大至小为 W0＞W2＞W4＞W1＞W3。

## 4.2.3　不同调亏处理对核桃树叶片气孔导度的影响

为研究核桃树在开花坐果期进行不同调亏处理，叶片气孔导度变化情况，2018 年试验以 W0、W1、W2 三个处理为例，对其进行对比分析，由图 4.24（a）可知，在观测时段（10：00—20：00）内，各处理总体呈现相同的变

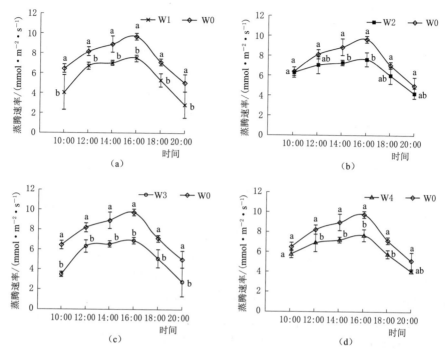

图 4.23  不同处理蒸腾速率日变化（2021 年）

化趋势，即两边低中间高的单峰曲线变化。峰值出现在 14：00，分别为 W0＝169.83mmol·m$^{-2}$·s$^{-1}$、W1＝159.67mmol·m$^{-2}$·s$^{-1}$、W2＝137.33mmol·m$^{-2}$·s$^{-1}$。对比各处理间差异性，三个处理蒸腾速率日均值分别为：W0＝128.33mmol·m$^{-2}$·s$^{-1}$、W1＝121.83mmol·m$^{-2}$·s$^{-1}$、W2＝113.08mmol·

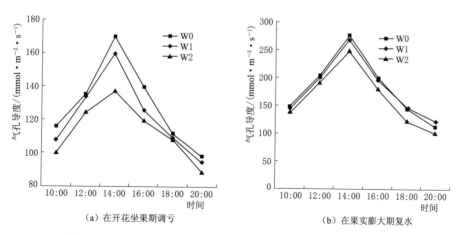

图 4.24  核桃树在开花坐果期调亏及在果实膨大期进行复水后的气孔导度变化（2018 年）

$\mathrm{m}^{-2} \cdot \mathrm{s}^{-1}$。W1 处理相对 W0 处理减少 5.07%，而 W2 相对 W0 减少了 11.88%。故呈现出明显的 W0>W1>W2 处理，且差异性大小与调亏强度相关，调亏强度越大，试验组与对照组的差异性越大。

当 W1、W2 处理在果实膨大期进行复水处理后，由图 4.24（b）可知，各处理呈现出明显的 W0=W1>W2，W1 处理与 W0 处理基本无差异，而 W2 处理相对 W0 处理减少 9.83%。说明在调亏模式后经复水处理后，植物叶片上气孔导度会出现一定程度的回升，若调亏强度较大，而气孔导度难以恢复至对照组水平。

为研究果实膨大期不同调亏模式下核桃树叶片气孔导度变化情况，以 W0、W3、W4 三个处理为例，对其进行对比分析由图 4.25（a）可以看出，各处理总体变化规律一致，呈现明显的中间高两边低的单峰曲线变化。峰值出现在 14：00，在 $231.73 \sim 275.27 \mathrm{mmol} \cdot \mathrm{m}^{-2} \cdot \mathrm{s}^{-1}$。对比各处理之间差异性，三个处理蒸腾速率日均值分别为：$W0=180.40 \mathrm{mmol} \cdot \mathrm{m}^{-2} \cdot \mathrm{s}^{-1}$、$W3=172.34 \mathrm{mmol} \cdot \mathrm{m}^{-2} \cdot \mathrm{s}^{-1}$、$W4=159.95 \mathrm{mmol} \cdot \mathrm{m}^{-2} \cdot \mathrm{s}^{-1}$。W3 处理相对 W0 处理减少 4.46%，而 W4 相对 W0 减少了 11.34%。故呈现出明显的 W0>W3>W4 处理。与图 4.24（a）对比，可以发现，在果实膨大期进行调亏导致气孔导度下降幅度显著高于开花坐果期。故说明果实膨大期进行调亏对叶片气孔导度影响强度较大。

当 W3、W4 处理在硬核期进行复水处理后，各处理总体变化规律一致，呈现出明显的 M 形双峰曲线，峰值分别在 12：00（$313.73 \sim 353.21 \mathrm{mmol} \cdot \mathrm{m}^{-2} \cdot \mathrm{s}^{-1}$）和 16：00（$274.73 \sim 303.15 \mathrm{mmol} \cdot \mathrm{m}^{-2} \cdot \mathrm{s}^{-1}$），且 12：00 峰值明显高于 16：00。14：00 为低谷，且三个处理在该时段气孔导度无差异性，说明该时段气孔导度主要受外界条件影响，不受前期水分亏缺造成的损伤影响。又由图 4.25（b）可

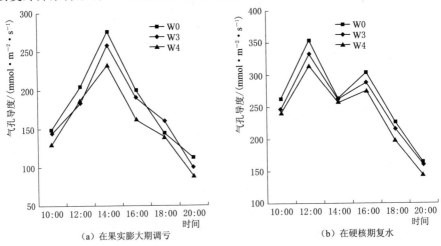

（a）在果实膨大期调亏　　　　　　（b）在硬核期复水

图 4.25　核桃树在果实膨大期调亏及在硬核期进行复水后的气孔导度变化（2018 年）

以看出，各处理间差异性明显。说明在果实膨大期进行调亏对作物影响显著，即使在后期进行复水处理，其试验组的叶片气孔导度也难以恢复至对照组水平。

对核桃树在开花坐果期和果实膨大期均进行不同程度的调亏灌溉，分析叶片气孔导度变化情况。以 W0、W5、W6 三个处理为例，由图 4.26 （a）可以看出，在开花坐果期进行调亏后时，各处理日均气孔导度分别为 W0 ＝ 128.33mmol・m$^{-2}$・s$^{-1}$、W5＝119.91mmol・m$^{-2}$・s$^{-1}$、W6＝112.24mmol・m$^{-2}$・s$^{-1}$。这与仅在开花坐果期进行调亏基本无差异。

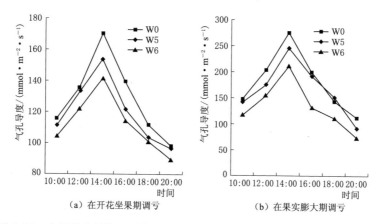

（a）在开花坐果期调亏　　　　（b）在果实膨大期调亏

图 4.26　在开花坐果期和果实膨大期均进行调亏后气孔导度变化（2018 年）

随着时间的推移，当在果实膨大期进行调亏后，由图 4.26 （b）可以看出，各处理日均气孔导度分别为 W0＝180.40mmol・m$^{-2}$・s$^{-1}$、W5＝166.31mmol・m$^{-2}$・s$^{-1}$、W6＝133.40mmol・m$^{-2}$・s$^{-1}$。与图 4.26 （a）进行比较，两者变化趋势相同，但是 W5、W6 与对照组相比，气孔导度下降幅度大于 W3、W4 处理。

当 W5、W6 处理在硬核期进行复水后，由图 4.27 可以看出，各处理叶片气孔导度均出现不同程度的回升。各处理总体变化规律一致，呈现出明显的双峰曲

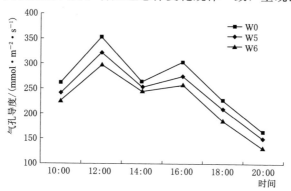

图 4.27　在硬核期进行复水处理后气孔导度变化（2018 年）

线，峰值分别出现在 12：00 和 16：00 处。日均气孔导度分别为 W0＝262.04mmol·
m$^{-2}$·s$^{-1}$、W5＝241.90mmol·m$^{-2}$·s$^{-1}$、W6＝224.65mmol·m$^{-2}$·s$^{-1}$。即
W0＞W5＞W6 处理。说明经过长时间水分亏缺，已经显著影响了叶片气孔导
度，即使在后期经过复水处理，其气孔导度也难以恢复至对照组水平。

如图 4.28 所示，2019 年试验研究滴灌核桃树调亏及复水后的叶片气孔导度
日变化情况。调亏灌溉使滴灌核桃树叶片气孔导度的日变化呈递减的趋势，图
4.28（b）在 20：00 W1、W2 处理的叶片气孔导度在增加。复水后发现叶片气
孔导度的日变化曲线有两种，"递减型" 和 "单峰型"。图 4.28（a）为萌芽期调
亏并于开花坐果期复水，气孔导度日变化趋势随时间的推移而减小，复水后各处

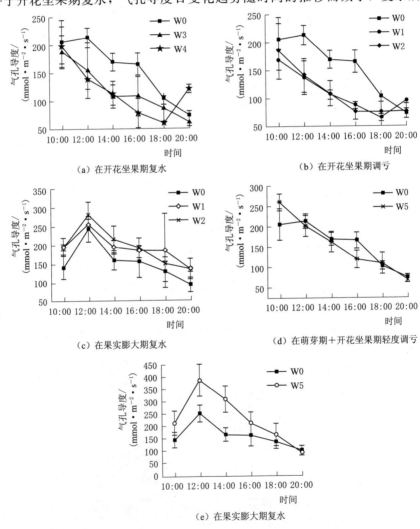

（a）在开花坐果期复水　　　　　　　　（b）在开花坐果期调亏

（c）在果实膨大期复水　　　　　（d）在萌芽期＋开花坐果期轻度调亏

（e）在果实膨大期复水

图 4.28　调亏灌溉及复水后核桃树叶片气孔导度的日变化（2019 年）

理的日均值均小于 W0 处理，W3 处理降低 23.89％，W4 处理降低 21.42％，没有恢复到正常水平，与 W0 处理存在一定差距。图 4.28（b）为开花坐果期调亏，W1、W2 处理的气孔导度日变化曲线表现类似，W1 处理和 W2 处理随着时间的推移气孔导度值在下降，到 18：00 之后又增加。与 W0 处理相比，W1 处理的日均值减少 28.80％，W2 处理减少 28.59％，土壤水分亏缺对核桃叶片的气孔导度有显著的影响。图 4.28（c）为开花坐果期调亏并于果实膨大期复水日变化情况，各处理日变化趋势与 W0 处理相似，均呈单峰曲线，峰值在 12：00。与 W0 处理相比，W1 处理日均值增加 41.98％，W2 处理增加 26.33％。图 4.28（d）为萌芽期＋开花坐果期轻度调亏，气孔导度值随着时间的推移在下降，W5 处理比 W0 处理降低 1.00％。图 4.28（e）为萌芽期＋开花坐果期轻度调亏并于果实膨大期复水日变化情况，W5 处理比 W0 处理增加 44.23％。以上表明，萌芽期＋开花坐果期轻度调亏并于果实膨大期复水的补偿效果最大，其次是开花坐果期调亏并于果实膨大期复水的 W1 处理；萌芽期调亏开花坐果期复水，发现复水后气孔导度还是明显低于 W0 处理，可见萌芽期调亏对叶片气孔导度有很大的影响。

2021 年试验研究的不同处理之间气孔导度日变化如图 4.29 所示，气孔导度由大至小为 W0＞W2＞W4＞W1＞W3，且 W1、W2、W3、W4 及 W0 各个处理气孔导度日均值为 176.11、234.56、141.39、184.17、249.39，W1、W3 与 W4 比 W0 处理分别减小 73.28、108.00、65.22，W2 比 W0 处理减少 14.83。气孔导度日变化图形呈现出 M 形双峰值走势，首峰值出现在 14：00，W1、W2、W3、W4 及 W0 各个处理气孔导度为 225、307、179、227、332.67，W1、W3 与 W4 比 W0 处理分别减小 107.67、153.67、105.67，W2 比 W0 处理减少 25.67，这是由于此刻太阳辐射、温度不断增大，气孔导度为了满足光合作用所需要的元素交换也不断增大，直至在 16：00 气孔导度值出现下降趋势，此刻 W1、W2、W3、W4 及 W0 各个处理气孔导度为 179、209.33、154.33、183.33、213.00，W1、W3 与 W4 比 W0 处理分别减小 34.00、58.67、29.67，W2 比 W0 处理减少 3.67，当太阳辐射及温度等大气条件增加到相对值时，会导致核桃树为了满足自身的生长发育，会产生"午休"现象，从而使得自身气孔导度减小，保证植物体内水分正常供给，当午休现象结束时，就会使得气孔导度增加达到次峰值，此刻 W1、W2、W3、W4 及 W0 各个处理气孔导度为 202.00、269.33、173.00、208.33、292.00，W1、W3 与 W4 比 W0 处理分别减小 90.00、119.00、83.67，W2 比 W0 处理减少 22.67，而后随着温度降低，太阳辐射减弱，气孔导度也随之减小。

如图 4.29（a）所示，W1 与 W0 处理气孔导度相比，在 16：00 没有显著性差异，这可能是在此刻植物进行"午休"，缩短各个处理间气孔导度差异所致，其他时刻开花坐果期、果实膨大期进行连续中、轻度调亏 W1 处理与对照组存在显著性差异。如图 4.29（b）所示，W2 与 W0 各个时刻日变化不存在显著性差异。如图 4.29（c）所示，W3 与 W0 各个时刻日变化存在显著性差异。如图 4.29（d）所示，W4 与 W0 除 16：00 外，其他各个时刻日变化存在显著性差异。

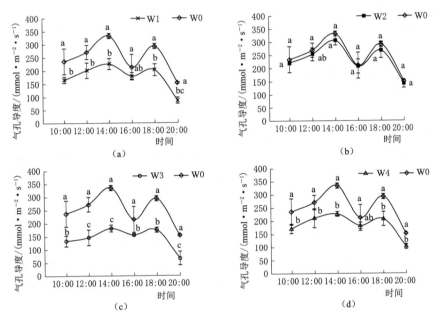

图 4.29　不同处理气孔导度日变化（2021 年）

## 4.3　光合特性与其他影响因素的关系分析

光合特性是植物物质生产的基础，也是大气碳循环中最重要的环节之一，受外界影响因子影响显著。在自然条件下，气象因素是光合特性的主要影响因素，而土壤水分、植物生理指标又与光合特性指标有着密切的联系。为此，本书采用相关性分析，对光合特性指标与气象因素、植物生理指标及土壤水分关系进行研究，进一步掌握不同调亏模式下，各影响因素之间的关联程度。

### 4.3.1　光合特性指标与气象因素的关系

在不考虑植物生育期变化的影响下，2018 年试验采用日尺度条件下气孔导度、蒸腾速率和光合速率与太阳辐射、相对湿度和温度进行相关性分析，结果见表 4.1。与气象因素进行相关性分析，结果表明光合特性指标与太阳辐射呈现极显著相关，相关性达 0.773～0.823；而与相对湿度、温度相关性较弱，仅与气孔导度呈现显著相关，为 $R = 0.472$，呈现显著相关。故太阳辐射是影响光合特性的主要气象因素。

表 4.1      充分灌溉条件下叶片光合特性指标与气象因素相关性分析

| 光合特性指标 | 气 象 因 素 | | |
| --- | --- | --- | --- |
| | 太阳辐射 | 相对湿度 | 温度 |
| 光合速率 | 0.811** | −0.307 | 0.433 |
| 气孔导度 | 0.773** | −0.298 | 0.472* |
| 蒸腾速率 | 0.823** | −0.278 | 0.378 |

**注**  *表示显著相关，**表示极显著相关。

在考虑调亏灌溉影响条件下，太阳辐射与光合特性指标相关性分析见表 4.2。由表 4.2 可以看出，随着调亏强度的增加，太阳辐射与光合特性指标逐渐由极显著相关（0.773～0.823）下降到相关性较弱或显著相关（0.522～0.645），且下降幅度与调亏强度有关。最终在中度调亏时，仅气孔导度与太阳辐射呈现显著相关，其他指标呈现相关性较弱。

表 4.2      不同水分亏缺条件下光合特性指标与太阳辐射相关性分析

| 灌溉方式 | 光 合 特 性 指 标 | | |
| --- | --- | --- | --- |
| | 光合速率 | 气孔导度 | 蒸腾速率 |
| 充分灌溉 | 0.811** | 0.773** | 0.823** |
| 轻度水分亏缺 | 0.694* | 0.673* | 0.640* |
| 中度水分亏缺 | 0.567 | 0.645* | 0.522 |

**注**  *表示显著相关，**表示极显著相关。

## 4.3.2   光合特性指标与植物生理指标关系

在不考虑生育期变化的影响下，2018 年试验以设定时间的最大叶片光合特性指标代表各生育期光合特性，与植物生理指标进行相关性分析，结果见表 4.3。由表 4.3 可以看出，蒸腾速率和气孔导度与叶面积指数、枝条生长量、叶片叶绿素含量值呈现极显著相关（$R = 0.491～0.790$），而光合速率仅与叶片叶绿素含量值呈现极显著相关（$R = 0.639$）。

**表 4.3** 核桃树叶片光合特性指标与植物生理指标相关性分析

| 光合特性指标 | 植 物 生 理 指 标 | | |
| --- | --- | --- | --- |
| | 叶面积指数 | 枝条生长量 | 叶片叶绿素含量值 |
| 蒸腾速率 | 0.543** | 0.626** | 0.790** |
| 光合速率 | 0.199 | 0.315 | 0.639** |
| 气孔导度 | 0.491** | 0.582** | 0.787** |

注 *表示显著相关,**表示极显著相关。

### 4.3.3 光合特性指标与核桃树日均耗水量之间关系

为对比光合特性指标与核桃树耗水量之间关系,2018 年试验忽略生育期变换的影响,视各生育阶段为研究单元,以设定时间的最大叶片光合特性指标代表各生育期光合特性,与各处理日均耗水量进行相关性分析,结果如图 4.30 所示。由图 4.30 可以看出,在不同处理条件下,蒸腾速率与日均耗水量相关性最为稳定,均呈现极显著相关,且相关性均在 0.9 以上。而气孔导度次之,在开花结果期进行调亏,对相关性影响较弱。而当在果实膨大期进行调亏时,气孔导度与日均耗水量相关性明显减弱,且减弱强度与调亏强度有关。这有可能是在果实膨大期对核桃树进行调亏,极易损伤叶片气孔,导致相关性减弱。光合速率也与日均耗水量相关性较弱,其变化趋势与气孔导度相似。

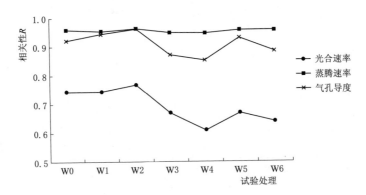

图 4.30 光合特性指标与核桃树日均耗水量之间关系图

为此,分别采用线性趋势线对日均耗水量与蒸腾速率、光合速率及气孔导度进行模拟,结果如图 4.31 所示。由图 4.31 可以看出,蒸腾速率与日均耗水量模拟结果最好,光合速率与日均耗水量模拟结果最差。

蒸腾速率: $\qquad y = 2.125x - 0.947, R^2 = 0.9108$ (4.1)

光合速率: $\qquad y = 5.1248x + 4.4802, R^2 = 0.4878$ (4.2)

气孔导度：　　　　　　$y=104.59x-1.8244, R^2=0.8272$ 　　　　　　　　(4.3)

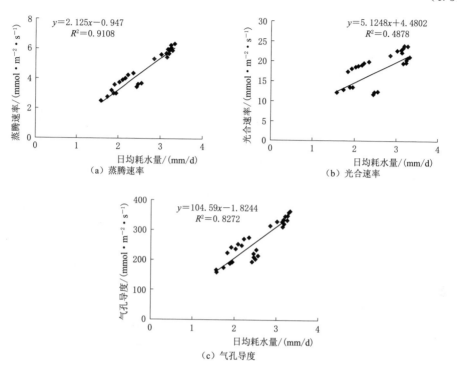

图 4.31　光合特性指标与核桃树日均耗水量之间线性关系图

## 4.4　小　　结

2018 年试验研究发现由开花坐果期、果实膨大期和硬核期的叶片光合速率、蒸腾速率及气孔导度总体变化趋势可以看出，在开花坐果期、果实膨大期均呈现单峰曲线，峰值出现在 14：00；而在硬核期呈现双峰曲线，峰值分别出现在 12：00 和 16：00。硬核期时，植物出现午休现象，会在 14：00 关闭气孔，使光合速率、蒸腾速率及气孔导度下降，进而出现双峰曲线。对比 10：00—14：00 和 14：00—20：00 光合速率、蒸腾速率及气孔导度变化趋势，发现 10：00—14：00 时明显小于 14：00—20：00。结果表明夜间地下水对土壤进行水分补充，使 10：00—14：00 土壤水分较为充足，利于植物进行光合作用。但到 14：00 以后，土体土壤水分不足，增加水分亏缺强度，使各处理之间差距扩大。在开花坐果期进行调亏，叶片光合速率、蒸腾速率和气孔导度均会出现不同程度的下降，下降幅度与水分亏缺强度有关。在相同情况下，水分亏缺对气孔导度和蒸腾速率影响较大，对光合速率影响较小。分别在开花坐果期和果实膨大期进行调亏灌溉后发现果实膨大期对核桃树进行调亏的影响程度显著大于开花坐果期，果实膨大期对水分较为敏感。

开花坐果期、果实膨大期和开花结果期＋果实膨大期均进行调亏对比，结果表明当调亏时间增加时，易使叶片损伤增加，叶片光合速率、蒸腾速率及气孔导度下降幅度加剧。调亏模式对叶片损伤存在一定的累加效果。但累加不是单纯的开花坐果期由水分亏缺所造成的损伤致使光合速率下降数值加上果实膨大期由水分亏缺所造成的损伤致使光合速率下降数值，而是由于植物如果长期处于水分亏缺的限制条件时，会出现一定程度的适应性调节，使叶片光合速率出现一定程度的恢复。但总体下降程度仍大于单个生育期进行调亏。开花坐果期和果实膨大期的太阳辐射呈单峰状，峰值出现在14:00时；相对湿度均呈下凹状变化趋势。各调亏处理的光合速率日变化趋势呈双峰曲线，16:00出现光合"午休"现象。开花坐果期随着亏水程度的加重光合速率逐渐减小，但萌芽期＋开花坐果期连续轻度亏水增加了12.32%。除去对照组，各调亏处理的蒸腾速率日变化趋势呈单峰曲线，与复水后的变化趋势一致。各处理调亏灌溉后，叶片蒸腾速率、气孔导度和胞间$CO_2$浓度降低。复水后各处理变化不同，萌芽期轻中度亏水并在开花坐果期复水时，叶片蒸腾速率、气孔导度和胞间$CO_2$浓度没有恢复正常且低于对照组；其他调亏处理的蒸腾速率和气孔导度恢复并均有补偿，胞间$CO_2$浓度的补偿较小。在滴灌核桃萌芽期（Ⅰ）、开花坐果期（Ⅱ）调亏处理后，结果表明，与W0处理相比，除W5处理的光合速率增加10.89%外，其他各处理核桃叶片光合速率、蒸腾速率、气孔导度和胞间$CO_2$浓度均有减少；开花坐果期调亏后，除气孔导度，其余光合特性指标随着调亏程度的加重都呈现减小趋势。当调亏灌溉进行复水处理后，轻度亏缺叶片恢复较好，叶片光合速率、蒸腾速率及气孔导度与对照处理W0差幅较小。而中度亏缺的W2处理叶片光合速率、蒸腾速率及气孔导度由于受水分限制的影响较大，可能对叶片光合系统的发育造成影响，即使经过复水处理后，作物本身的"自我修复"体系难以完全修复。

2019年试验研究发现各调亏处理的光合速率日变化趋势呈单峰曲线。复水后各处理变化多端，光合速率均有增加，萌芽期＋开花坐果期连续轻度亏水增加的幅度最大，为31.21%，其次是开花坐果期轻度亏水增加了23.45%。除去对照组，各调亏处理的蒸腾速率日变化趋势呈单峰曲线，与复水后的变化趋势一致。各处理调亏灌溉后，叶片蒸腾速率、气孔导度和胞间$CO_2$浓度降低。复水后各处理变化不同，萌芽期轻中度亏水并在开花坐果期复水时，叶片蒸腾速率、气孔导度和胞间$CO_2$浓度没有恢复正常且低于对照组；其他调亏处理的蒸腾速率和气孔导度恢复并均有补偿，胞间$CO_2$浓度的补偿较小。这是由于叶片对缺水非常敏感，水分的减少引起气孔的关闭，减少叶片中的$CO_2$，光合反应受到抑制。

2021年试验研究发现植物生长发育离不开光合作用，光合作用给植物提供必要的能量交换。光合作用强弱主要受植物本身（叶面积、叶片大小及形状、叶绿素等）和外界环境因素这两方面因素影响[189-190]。严巧娣等[191]研究表明葡萄叶片净光合速率日变化呈先增加后减小变化趋势，当太阳辐射达到全天最大值时，净光合速率有轻微降低趋势。孙龙飞[192]、张正红[193]研究表明，水分胁迫会影响植物的净光合速率、蒸腾速率、气孔导度、胞间$CO_2$浓度，郑睿、郭自春等[194-195]也表明了这一现象，且与本试验结论基本一致。水分胁迫造成叶片净光合速率减小原因包括气孔因素与非气孔因素两方面，气孔因素是通过叶片气孔关闭，使$CO_2$无法进行交换进而影响光合作用；非气孔因素则是由于外界环境等造成叶片进行光合作用器官损坏，从而抑制了光合作用[196-197]。通常利用净光合速率、蒸腾速率、气孔导度、胞间$CO_2$浓度等光合指标来反映光合能力的强弱[198]。郑盛华[199]研究表明，降低土壤含水率会在一定程度上导致光合速率减弱，进而造成对产量的影响。苏康妮、王庆成等[200-201]研究表明玉米为了满足自身的生长需求，当温度达到全天峰值时就会使气孔关闭，表明玉米叶片气孔导度、蒸腾速率日变化均呈双峰曲线变化趋势，玉米的群体光合速率大体变化趋势一致。孟天天等[202]表明在玉米大喇叭口期不同灌水量对玉米最大展开叶叶片的净光合速率、气孔导度和蒸腾速率日变化的影响均呈双峰曲线变化规律。本研究萌芽期及开花坐果期生育期光合表现为随调亏程度增大各光合指标减小的趋势，以后各个阶段表现为在开花坐果期轻度调亏、下一生育阶段复水的W2处理会使各指标大于对照组；而其他调亏处理，哪怕后期恢复正常灌水，各指标也低于对照组。适度水分亏缺产生了补偿效应[203]，这与开花坐果期轻度调亏复水后得出的光合指标类似；张凯等[204]对调亏灌溉番茄进行研究，表明叶片气孔导度日变化规律呈双峰曲线，胞间$CO_2$浓度日变化呈单谷曲线。在大田条件下，蒸腾速率日变化都有一个单峰值，各处理下原料番茄叶片净光合速率日变化为双峰曲线，这与本试验研究结果一致。

在干旱半干旱地区缺水问题是影响农作物高产的主要因素，提高水资源的利用效率是农作物高产所追求的目标。干旱胁迫期间，植株的正常光合作用受到气孔和非气孔限制因素的影响。Farquhar et al.[205]研究表明，引起光合速率降低的气孔或非气孔限制因素可以根据胞间$CO_2$浓度的变化方向来判断，当光合作用和胞间$CO_2$浓度均降低时，光合作用受到了气孔限制因素的影响，相反，胞间$CO_2$浓度升高则光合作用受到非气孔限制因素的影响。也有研究[206]表明，水分胁迫下苹果幼苗叶片的净光合速率、气孔导度和胞间$CO_2$浓度均显著降低。水分调亏可以对植物的生长及光合产生限制。毛妮妮等[207]表明不同处理净光合速率、蒸腾速率、气孔导度日变化趋势一致，均先上升后下降。本研究表明生育期光合速率、蒸腾速率、气孔导度及胞间 $CO_2$ 浓度在开花坐果期前期各处理变化为：W0＞W2＞W4＞W1＞W3，开花坐果期后期各处理变化为：W2＞W0＞W4＞W1＞W3。而对干旱胁迫后核桃树叶片的光合速率和气孔导度日变化随着干旱胁迫的持续均呈双峰型变化趋势，蒸腾速率日变化呈现先增后减趋势，胞间 $CO_2$ 浓度日变化则呈现先减后增趋势，这与赵经华[208]、刘国顺等[209]的研究结果相一致。

通过光合速率、蒸腾速率、气孔导度、胞间 $CO_2$ 浓度的光合特性指标日变化与生育期变化，水分利用效率的光合日变化结合试验用核桃树产量指标，对其进行灰色关联度分析，据表4.4看出核桃树不同调亏处理下光合速率、蒸腾速率、气孔导度、胞间 $CO_2$ 浓度、水分利用效率光合特性指标日变化参考数列为 1.31、1.36、1.42、1.35、1.08；光合速率、蒸腾速率、气孔导度、胞间 $CO_2$ 浓度光合特性指标生育期变化参考数列为 1.22、1.18、1.32、1.25。W1、W2、W3、W4、W0 各个处理最小差为 0.08、0.00、0.06、0.01、0.00，最终确定的不同调亏灌溉处理下的关联序得分为 0.55、0.92、0.47、0.64、0.89，可见得分最高的是 W2 处理，得分最低的是 W3 处理。

表 4.4 核桃不同调亏处理灰色关联度分析

| 分析指标 | | W1 | W2 | W3 | W4 | W0 | 参考数列 |
|---|---|---|---|---|---|---|---|
| 日变化 | 光合速率 | 14.36 | 17.79 | 13.79 | 16.83 | 18.83 | 1.31 |
| | 蒸腾速率 | 5.58 | 6.47 | 5.21 | 6.18 | 7.56 | 1.36 |
| | 气孔导度 | 176.11 | 234.56 | 141.39 | 184.17 | 249.39 | 1.42 |
| | 胞间 $CO_2$ 浓度 | 188.89 | 254.28 | 157.78 | 205.72 | 228.61 | 1.35 |
| | 水分利用效率 | 2.54 | 2.74 | 2.60 | 2.71 | 2.47 | 1.08 |
| 生育期变化 | 光合速率 | 18.91 | 22.99 | 16.06 | 19.47 | 22.89 | 1.22 |
| | 蒸腾速率 | 5.81 | 6.86 | 4.47 | 6.03 | 6.80 | 1.18 |
| | 气孔导度 | 200.71 | 262.97 | 158.96 | 214.73 | 248.60 | 1.32 |
| | 胞间 $CO_2$ 浓度 | 182.19 | 226.23 | 161.31 | 189.66 | 217.82 | 1.25 |
| 产量 | | 3958 | 4693 | 3636 | 4282 | 4399 | 1.19 |
| 最小差 | | 0.08 | 0.00 | 0.06 | 0.01 | 0.00 | |
| 最大差 | | 0.42 | 0.20 | 0.61 | 0.37 | 0.14 | |
| 关联序得分 | | 0.55 | 0.92 | 0.47 | 0.64 | 0.89 | |

光合生育期变化：对不同调亏处理不同生育期光合速率、蒸腾速率、气孔导度及胞间 $CO_2$ 浓度各光合指标生育期观测得出，开花坐果期大体变化表现为对照组各光合指标最大，连续中度调亏处理各光合指标最小，开花坐果期后期

大体变化表现为开花坐果期轻度调亏处理各光合指标最大，连续中度调亏处理各光合指标最小。光合日变化：对不同调亏处理光合速率、蒸腾速率、气孔导度光合特性指标日变化观测得出，对照组各光合指标最大，连续中度调亏处理各光合指标最小；由胞间 $CO_2$ 浓度日变化观测得出，开花坐果期轻度调亏处理胞间 $CO_2$ 浓度最大，连续中度调亏处理胞间 $CO_2$ 浓度最小；由水分利用效率的日变化观测得出，开花坐果期轻度调亏处理水分利用效率最大，对照组水分利用效率最小。

# 第5章 调亏灌溉对滴灌核桃树生理指标及产量的影响研究

作物生长分为两部分：营养生长和生殖生长。核桃树的新梢生长、叶片生长等都属于营养生长的一部分；核桃树的开花以及果实的发育等都属于生殖生长。作物生长是作物生命体最直接的外观表象，也是作物体内生理代谢和外部环境相互协调发展的表现，最终关系着作物的产量及品质。

## 5.1 不同调亏处理对核桃新梢生长的影响

核桃树是通过根系吸收土壤中的水分，供给枝叶生长和果实生长。枝叶的生长状况可以直观地反映核桃树的生长情况[210-211]。新梢生长属于核桃树营养生长的一部分[212]。核桃树新梢生长主要在萌芽期开始萌动发芽，2018 年试验从 4 月 5 日开始测定新梢的长度。图 5.1～图 5.3 分别为开花坐果期、果实膨大期、开花坐果期＋果实膨大期内不同调亏程度下各处理新梢生长量变化曲线。由图 5.1～图 5.3 可知，核桃树不管在哪个生育期调亏，新梢的生长趋势是相似的。核桃树新梢在 4 月初开始生长，生长速率很快。进入 5 月中旬后，生长量呈现缓慢上升趋势。如图 5.1 所示，核桃树在开花坐果期（4 月 16 日—5 月 10 日）进行调亏灌溉，从萌芽初期到开花坐果末期（4 月 5 日—5 月 10 日）核桃树新梢生长很快，不同程度的调亏灌溉对核桃树新梢的生长有一定的影响。与 W0 处理相比，轻度调亏处理 W1 与中度调亏处理 W2 的新梢累计生长量都较小，说明水

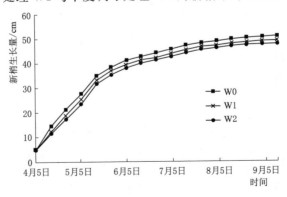

图 5.1　在开花坐果期调亏后新梢生长量变化（2018 年）

分亏缺会抑制新梢的生长[213-214]，并且随着调亏程度的增加，抑制的程度也相应增加。果实膨大期复水以后，调亏处理 W1、W2 的新梢生长速率并没有因复水而提高。

　　图 5.2 是在核桃树果实膨大期（5 月 11 日—6 月 8 日）进行调亏灌溉，从图 5.2 可以看出进入果实膨大期后，核桃树新梢的生长速率比起开花坐果期要降低很多，因为在果实膨大期，核桃树既要营养生长，又要生殖生长。为了保证果实的生长发育，核桃树自身会抑制营养生长，把养分供给生殖生长，所以新梢生长变缓慢。当水分亏缺时，轻度调亏处理 W3 和中度调亏处理 W4 在果实膨大期末期新梢累计生长量分别比 W0 处理减少 1.3cm 和 2.4cm，变化量很小并且生长速率基本相同，说明在核桃树果实膨大期进行调亏灌溉，对新梢的生长影响不显著。

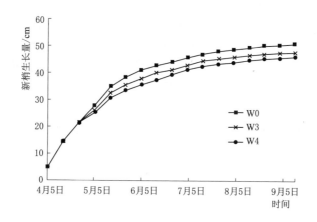

图 5.2　在果实膨大期调亏后新梢生长量变化（2018 年）

　　如图 5.3 所示，W5 处理是在开花坐果期（4 月 16 日—5 月 10 日）＋果实膨大期（5 月 11 日—6 月 8 日）都进行轻度水分调亏，W6 处理是在开花坐果期和果实膨大期都进行中度水分调亏。当在开花坐果期调亏时，图 5.3 和图 5.1 的新枝累计生长量的变化趋势相似，水分调亏程度越大，新枝累计生长量越小。当在果实膨大期调亏时，图 5.3 和图 5.2 的新枝累计生长量的变化趋势明显不同，在图 5.3 中 W5 和 W6 处理的新枝累计生长量分别比 W0 处理减少 4.6cm 和 6.2cm，这是因为 W5 和 W6 处理先在开花坐果期进行不同程度的水分亏缺，新梢生长受到抑制，又在果实膨大期进行不同程度的水分亏缺，由于水分供给不足，果树的本能反应是先满足生殖生长所需的水分，剩余的再供给营养生长，导致新梢生长受到二次抑制，造成 W5 和 W6 处理与 W0 处理在新枝累计生长量上出现较大差异。

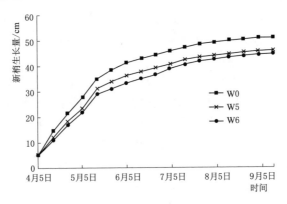

图 5.3　在开花坐果期＋果实膨大期均调亏后新梢生长量变化（2018 年）

通过 2021 年的试验研究发现各个处理在不同生育时期的新梢生长变化量表现为 W0＞W2＞W4＞W1＞W3，如图 5.4 所示，可以看出核桃树的新梢生长，主要在萌芽期（4 月 11—27 日），开花坐果期（4 月 28 日—5 月 25 日）以及果实膨大期（5 月 26 日—6 月 23 日）的前期阶段生长旺盛，果实膨大期中、后期及其他的生育期新梢生长缓慢，可能是由于核桃生育期前期，根系通过毛细根吸收的营养成分主要供给核桃树营养生长，生育期后期则主要供给植物生殖生长。如图 5.4（a）所示，在开花坐果期进行轻度亏水处理（W2）的新梢生长量相比对照组（W0）减少了 13.85％，在开花坐果期和果实膨大期同时进行亏水处理（W1）的新梢生长量比对照组分别减少了 28.31％ 与 15.57％，由此可知，开花坐果期调亏程度越高对新梢生长量的抑制越明显，果实膨大期进行连续的轻度调亏，对新梢增长也起到抑制作用。如图 5.4（b）所示，在萌芽期、开花坐果期和果实膨大期同时进行连续的中度（W3）、轻度（W4）亏水处理，与对照组相比新梢生长由大到小为 W0＞W4＞W3，分别减少了 14.7％、28.93％，可以得出不同生育期不同程度的水分亏缺都会抑制新梢的生长。核桃成熟后，各个处理与 W0 相比，W1、W2、W3、W4 新梢生长量分别依次减少了 15.95％、3.68％、18.31％、7.91％，水分亏缺可以减少剪枝量，减少营养成分供应营养生长，从而促进生殖生长。如图 5.4（c）所示，在开花坐果期以及果实膨大期连续的中度、轻度亏水处理，与萌芽期、开花坐果期以及果实膨大期连续的中度、轻度亏水新梢生长相比，W4＞W1＞W3，生育期末 W4 比 W1、W3 增加 12.23％、18.52％。如图 5.4（d）所示，在开花坐果期进行轻度调亏，与萌芽期、开花坐果期以及果实膨大期连续的中度、轻度亏水相比，新梢的生长表现出 W2＞W4＞W3 的规律，W2 处理最终的枝条生长量比 W3、W4 分别增加了 23.97％、4.60％，产生这个现象是因为调亏灌溉在作物的不同生育期表现出对枝条生长的抑制作用，W3 在 3 个生育期进行中度调亏，都会不同程度地对新梢生长起到抑制作用，W3 在萌芽期、开花坐果期、果实膨大期调亏相比 W0 分别减少了 14.74%、26.80%、23.75%。

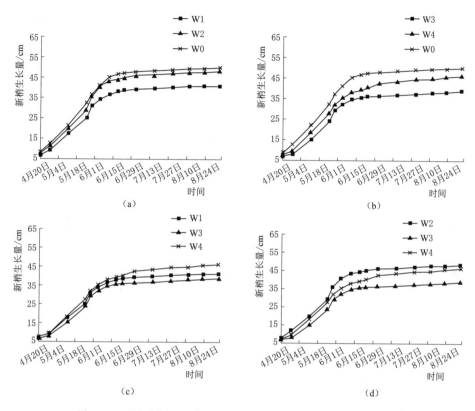

图 5.4　不同时期调亏灌溉下核桃树新梢生长量变化（2021 年）

## 5.2　不同调亏处理对核桃叶面积的影响

　　叶片是核桃树的主要营养器官，通过进行光合作用给核桃树提供一定量的营养物质，叶片上的气孔能够进行呼吸作用，核桃树的蒸腾也主要由叶片进行，因此要对核桃树的叶片进行深入的研究。叶面积指数[215-217]是研究叶片性状指标的一项参数，叶面积的大小直接影响核桃树的光合作用、蒸腾作用和呼吸作用。叶面积指数（leaf area index，LAI）是指作物叶片的总面积与占地面积的比值，它能够反应作物群体的生长状况。

　　图 5.5～图 5.7 分别为 2018 年在核桃的开花坐果期（4 月 16 日—5 月 10 日）、果实膨大期（5 月 11 日—6 月 8 日）、开花坐果期＋果实膨大期进行调亏灌溉的叶面积指数变化曲线。如图 5.5 所示，核桃树叶面积指数（LAI）从萌芽

期到果实膨大期初期迅速增大，果实膨大期末到油脂转化期（6 月 9 日—8 月 31 日）末期变化逐渐缓慢，进入成熟期（9 月 1—25 日）后逐渐减小。试验期间核桃树叶面积指数从 0.38 上升到 4.10 左右，最后下降到 3.27 左右。

　　图 5.5 是核桃树在开花坐果期进行调亏灌溉的叶面积指数变化曲线。从图中明显可以看出在开花坐果期，调亏处理 W1 和 W2 的叶面积指数均小于 W0 处理，并且轻度调亏处理 W1 和中度调亏处理 W2 比 W0 处理的叶面积指数平均降低了 15.58% 和 24.68%。随着调亏程度的增加，叶面积指数增长得越小，阶段性变化曲线也更加缓慢。说明这个时期亏水，会抑制核桃树的营养生长。W1 和 W2 处理在果实膨大期进行复水后，轻度调亏处理 W1 的曲线能迅速恢复到对照水平，甚至高出 W0 处理的曲线，而中度调亏处理 W2 的曲线恢复得较为缓慢，后期与 W0 处理的曲线相重叠。

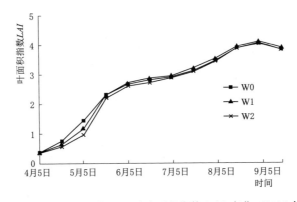

图 5.5　在开花坐果期调亏后叶面积指数 *LAI* 变化（2018 年）

　　图 5.6 是核桃树在果实膨大期进行调亏灌溉的叶面积指数变化曲线。从图中可以看出果实膨大期与前一个生育期相比，叶面积指数的变化量明显降低，曲线上升得比较缓慢。轻度调亏处理 W3 和中度调亏处理 W4 比 W0 处理的叶面积指数平均降低了 16.31% 和 25.75%，随着调亏程度的增加，降低的量也增加。主要是因为这个时期是果实发育的重要阶段，水分胁迫会使营养生长受到抑制，树体将更多的养分和水分提供给果实生长和发育，所以叶片和新梢作为营养生长的一部分会受到抑制。由于在果实膨大期调亏，对新梢的影响程度并不明显，而对叶面积指数的影响却很明显，可以说明叶片比新梢对水分亏缺的敏感程度更高一些。在下一个生育期复水，W3 和 W4 处理叶面积指数差值逐渐减小。

　　图 5.7 是核桃树在开花坐果期＋果实膨大期进行调亏灌溉的叶面积指数变化曲线。在开花坐果期调亏时，W1 和 W5 处理是轻度调亏，W2 和 W6 处理是中度调亏，所以图 5.7 与图 5.5 的叶面积指数曲线变化趋势基本一致。随着时间的推移进入果实膨大期，W3 和 W5 处理是轻度调亏灌溉，W4 和 W6 处理是中

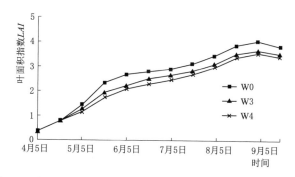

图 5.6　在果实膨大期调亏后叶面积指数 *LAI* 变化（2018 年）

度调亏灌溉，虽然调亏程度相同，但是图 5.7 与图 5.6 叶面积指数曲线存在差异明显。W5 和 W6 处理比对照处理 W0 的叶面积指数平均降低了 19.74% 和 38.20%，W5 比 W3 处理叶面积指数平均降低了 3.43%，W6 比 W4 处理叶面积指数平均降低了 12.45%。主要原因是 W5 和 W6 处理进行了两个时期的调亏灌溉，叠加了两次水分亏缺，影响了核桃树的营养生长，叶面积指数也会相对减小。在下一个生育期复水，W5 和 W6 处理叶面积指数逐渐增加，但这两个处理的叶面积指数曲线始终低于 W0 处理。

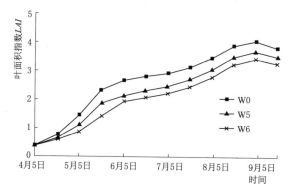

图 5.7　在开花坐果期＋果实膨大期均调亏后叶面积指数 *LAI* 变化（2018 年）

## 5.3　不同调亏处理对核桃树 *SPAD* 值的影响

叶绿素是植物进行光合作用的主要媒介[218]，在光反应中起核心作用，对植物生理发育影响深远。本试验通过测定不同处理条件下核桃树叶片的 *SPAD*（叶绿素含量）值用以分析植物生理变化情况，其测定结果如图 5.8 所示（图 5.8 是以对照组 *SPAD* 值为基准零点，其他处理相比对照组的增减变化情况）。

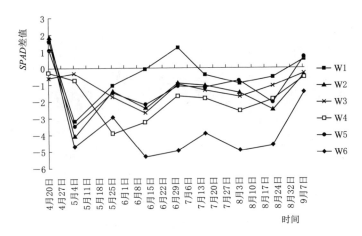

图 5.8 全生育期各处理叶片相对于对照组 *SPAD* 值的变化趋势（2018 年）

相关研究表明：调亏灌溉影响植物叶片中叶绿素的合成，致使叶绿素相比对照组出现不同程度的增减。2018 年试验研究发现当在开花坐果期（4 月 16 日—5 月 10 日）进行调亏灌溉时，轻度调亏处理 W1 和中度调亏处理 W2 的 *SPAD* 值均呈现下降趋势。相比对照组 W1 下降了 7.0%，W2 下降了 9.1%。同样，在果实膨大期（5 月 11 日—6 月 8 日）、开花坐果期和果实膨大期（4 月 16 日—6 月 8 日）两个生育期都进行调亏灌溉均会导致叶片 *SPAD* 值出现下降。因此调亏灌溉会造成叶片组织的破坏，致使受胁迫的处理 *SPAD* 值相对于对照组偏小，叶绿素含量显著下降。

当进行复水后，各处理 *SPAD* 值均出现不同程度的回升，同时期轻度调亏处理回升速度显著优于中度调亏。由 W1、W2 处理变化规律可知，在开花坐果期进行调亏灌溉并复水处理后，轻度调亏 *SPAD* 值可以快速恢复至对照组水平，对后续的植物生理发育基本无影响，而中度调亏模式，即使经过复水处理，也难以恢复至对照组水平。而 W3 和 W4 处理在果实膨大期进行调亏灌溉并复水处理后所呈现的变化规律与 W1、W2 处理所呈现趋势不同，中度调亏在经过复水处理后均难以恢复到对照组水平。果实膨大期是作物需水关键期，其耗水量远大于开花坐果期，因此轻度调亏在作物需水量较小时，对作物生理发育基本无影响，而当作物需水量增大时，轻度调亏的限制因素就凸显出来，导致作物受到水分胁迫的影响显著，其在果实膨大期进行调亏灌溉所造成的叶片破坏度高于开花坐果期。因此果实膨大期进行轻度调亏灌溉后即使经过复水处理也难以恢复至对照组水平。

水分是作物生长的主要限制因素，获取较高的作物产量和水资源利用效率已成为人们追求的主要目标之一[219-220]。国内外大量研究表明，调亏灌溉对果树生理指标及其产量具有重要的影响[221-223]。本研究表明，调亏灌溉能够降低核桃

树叶片中的 *SPAD* 值，与 Herbinger et al.[224] 和 Nayyar et al.[225] 认为干旱造成的水分胁迫能够降低植物体中叶绿素含量的结论一致。这是由于调亏灌溉造成叶片组织受损，叶片中叶绿体无法正常合成，叶绿素含量会下降。在经过复水处理后，开花坐果期轻度调亏灌溉的处理 *SPAD* 值迅速恢复至对照组水平，中度调亏灌溉的处理 *SPAD* 值始终略低于对照组。说明轻度水分调亏可经过复水处理后修复被破坏的组织细胞，但中度调亏会造成组织损伤过大，即使经过充分灌溉后也无法恢复正常。在果实膨大期调亏灌溉复水后，轻度调亏处理和中度调亏处理 *SPAD* 值均难恢复至对照水平，因为果实膨大期是作物需水关键期，耗水量远大于开花坐果期，所以在果实膨大期进行调亏灌溉，会加剧水分调亏对叶片 *SPAD* 值的影响，促使干旱所造成的损伤加大。

如图 5.9 所示，2019 年试验研究发现各处理间核桃树叶片 *SPAD* 值的变化

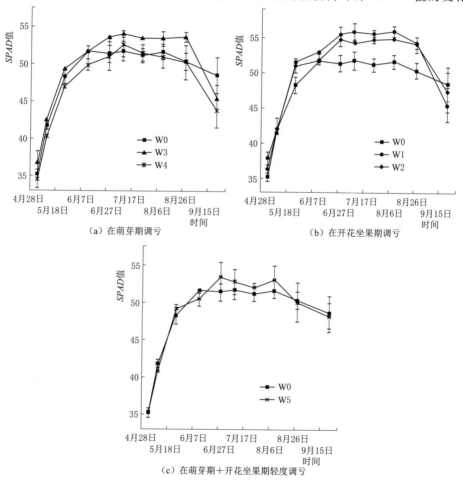

图 5.9　调亏灌溉下核桃叶片 *SPAD* 值的变化（2019 年）

规律一致，随着生育期的推进呈现先增后减的规律。6 月 10 日前由于叶片不断的生长，$SPAD$ 值的增加最为迅速；到 6 月 30 日前叶片的生长速度下降，$SPAD$ 值的增加比较平缓，因为此时的营养物质多数供应到果实的生长中；7月初期到 8 月中旬核桃树叶片趋于稳定至停止生长，$SPAD$ 值保持稳定；9 月，$SPAD$ 值降低呈负增长的趋势，这主要是因为随着时间的推移，日照时数与温度的逐渐降低导致出现叶片枯黄现象进而降低 $SPAD$ 值。图 5.9（a）为萌芽期（4 月 5—15 日）亏水开花坐果期复水后 $SPAD$ 值的变化情况，各处理$SPAD$ 值的大小表现为 W3＞W0＞W4，表明萌芽期轻度亏水并在开花坐果期复水可以促进核桃叶片 $SPAD$ 值的增加；而中度亏水并复水后，叶片 $SPAD$ 值降低，没有快速恢复，在油脂转化期时达到正常水平，由于亏水强度的加大，推迟核桃树的发芽与生长，后期的充分灌溉使之正常发育。图 5.9（b）为开花坐果期（4 月 16 日—5 月 10 日）亏水，各处理 $SPAD$ 值表现为 W1＞W2＞W0，W1 和W2 平均值分别比 W0 提高 5.00％和 4.24％。开花坐果期进行亏缺灌溉后可以促进核桃叶片 $SPAD$ 值的增加，随着亏水程度的加重，$SPAD$ 值增加幅度越小，硬核期（6 月 9 日—7 月 8 日）和油脂转化期（7 月 9 日—8 月 31 日）的差异更明显，这是因为果实膨大期（5 月 11 日—6 月 8 日）复水，前期累积的有机物又转向营养器官的生长，使叶片快速生长。图 5.9（c）为萌芽期＋开花坐果期（4 月 5 日—5月 10 日）连续轻度亏水，前期亏水处理 $SPAD$ 值与对照组一致，这是因为萌芽期亏水，抑制核桃树的发芽，开花坐果期复水带来的补偿被抵消。

　　2021 年试验研究由于萌芽期（4 月 11—27 日）叶片小且该生育期短，故不考虑该阶段的叶绿素含量。如图 5.10 所示，在开花坐果期（4 月 28 日—5 月 25日）轻度调亏处理 W2，会使叶片受到轻微的组织破坏，与对照组相比，调亏灌溉后 $SPAD$ 值低于对照组，但在后期的亏缺补水后，叶片中的叶绿素含量很快达到正常水平，与 W0 齐平，不影响其进行光合作用以及营养成分的合成。W2与 W0 相比，开花坐果期末叶绿素的含量减少了 4.47％，W1 处理在开花坐果期及果实膨大期（4 月 28 日—6 月 23 日）连续的中度、轻度调亏，与 W0 处理相比 $SPAD$ 值减少了 11.72％、6.41％，且在果实膨大期末复水，该调亏处理的$SPAD$ 值含量也无法恢复到正常水平，说明对植物细胞损伤无法恢复正常水平，对植物进行光合作用等都会产生一定的影响。W3 与 W4 处理在萌芽期、开花坐果期及果实膨大期 3 个阶段进行连续的水分亏缺，各处理叶绿素的含量表现为W0＞W2＞W4＞W1＞W3，W3、W4 处理与对照组相比叶绿素含量分别减少9.84％、6.47％，说明在萌芽期和开花坐果期初期进行水分亏缺，亏缺程度越大对 $SPAD$ 值影响越大。W3、W1 与 W0 相比，叶绿素含量分别减少 0.22％、1.55％，出现这个现象的原因可能是两个处理都在开花坐果期进行中度亏水，说明萌芽期调亏对叶绿素影响不大，由于在开花坐果期进行中度调亏，对叶片的组织造成了一定的损伤，叶绿素含量也因此下降，即使在果实膨大期 W1 处理进行复水，产生一定的补偿效应，但叶片中的叶绿素含量也无法恢复正常水平。在开花坐果期末 W2 叶绿素含量比 W1 增加 8.28%，说明开花坐果期随着调亏程度增大，对 $SPAD$ 值影响越明显，且果实膨大期调亏程度越大，$SPAD$ 值相对越低。W4、W1 与 W0 相比，叶片中的叶绿素含量分别减少了 3.15%、1.80%，可以更好地验证开花坐果期、果实膨大期随着调亏程度加大，$SPAD$ 值相应减小的现象。

　　整体看出在生育期内进行调亏灌溉，都会降低叶片中的叶绿素含量，只有在开花坐果期进行轻度调亏，在生育后期进行正常灌水，会使叶片中的叶绿素恢复到正常灌水 W0 水平，其余灌水处理均低于对照组。

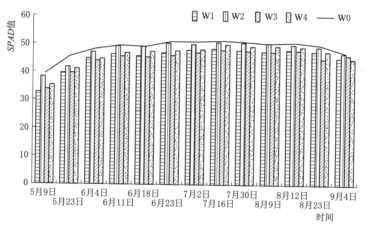

图 5.10　调亏灌溉下核桃树 $SPAD$ 值变化（2021 年）

## 5.4　不同调亏处理对核桃果实纵、横径和体积的影响

　　2018 年试验研究发现核桃树经过调亏灌溉处理后，其果实的纵径、横径和体积皆出现不同程度的变化。由表 5.1 可知，当开花坐果期进行调亏灌溉后，轻度调亏处理 W1 纵径增加 3%，横径增加 3%，体积增加约 10%；中度调亏处理 W2 纵径增加 6%，横径增加 8%，体积增加约 23%。故调亏灌溉程度越大，果实体积越大。

　　当果实膨大期进行调亏灌溉后，却出现了调亏灌溉程度越大，果实体积越小的变化趋势，与开花坐果期结论相悖。这是由于：开花坐果期进行调亏灌溉，会抑制核桃树的枝条生长，把营养物质供给果树生殖器官，果实体积比充分灌溉的 W0 处理相比明显增大。当在果实膨大期时，由于该时期为需水关键期，果实体积提升核心期（占总变化量的70%以上），缺水将会严重影响果实的正常发育，造成果实体积偏小。而在开花坐果期和果实膨大期皆对核桃树进行不同的水分调亏灌溉时，由于在果实膨大期进行调亏对核桃树果实发育影响显著，因此依然呈现出调亏灌溉程度越大，果实体积越小的变化趋势。

表5.1　在不同生育期内对核桃进行调亏灌溉后核桃纵、横径及体积变化量（2018年）

| 调亏处理 | W0 | W1 | W2 | W3 | W4 | W5 | W6 |
|---|---|---|---|---|---|---|---|
| 纵径/mm | 52.05b | 53.59b | 55.26a | 50.09c | 47.30d | 49.07c | 47.26d |
| 相对纵径/% | — | 103 | 106 | 96 | 91 | 94 | 91 |
| 横径/mm | 44.76c | 46.29b | 48.26a | 42.85d | 40.48e | 43.26d | 41.34de |
| 相对横径/% | — | 103 | 108 | 96 | 90 | 97 | 92 |
| 体积/cm³ | 54.62c | 60.11b | 67.39a | 48.15d | 40.58e | 47.78d | 42.28e |
| 相对体积/% | — | 110 | 123 | 88 | 74 | 87 | 77 |

注　同一指标的不同字母表示数据间存在显著性差异（$P<0.05$）。

在核桃树开花坐果期进行调亏灌溉，复水后无论轻度调亏还是中度调亏最终都会提高果实的纵、横径，从而提高果实的体积，与Gartung.[226]认为果树承受一定程度的水分胁迫，可抑制果树的过旺营养生长，水分胁迫解除后反而能促进果实生长，从而能在采收时获得更大体积的果实这一规律相符。而在果实膨大期和开花坐果期＋果实膨大期进行调亏灌溉，只要发生调亏灌溉，就会降低果实的纵、横径和体积。分析原因是当出现水分胁迫而使营养生长受到抑制时，果实可以继续积累有机物，降低其在调亏期间所受到的影响，在调亏结束后的复水期，调亏期间累积的有机物可被用于细胞壁的合成及其他与果实生长相关的过程，弥补由于光合产物减少带来的损失。但胁迫过重或历时过长会使复水后的细胞壁失去弹性而无法扩张，导致果实体积减小。

图5.11为2019年试验的不同生育期调亏灌溉下滴灌核桃果实体积生长动态变化曲线。核桃生育期内，不同调亏程度的果实体积生长随时间的推移总体表现为先快速—后缓慢—趋于稳定3个阶段。5月5日—6月2日为核桃体积的快速增长期，6月3—30日为缓慢增长期，7月到最后进入稳定生长期。前期亏水后各处理的果实体积均大于W0。萌芽期亏水后核桃果实体积的变化如图5.11（a）所示，调亏度越大后期果实的体积增加越大。W3和W4终体积分别较W0提高6.43%和23.34%。可能是中度亏水推迟核桃树的萌芽生长，复水后核桃树有补偿生长，促使后期果实体积的增大。开花坐果期亏水后核桃果实体积的变化如图5.11（b）所示，随着调亏程度的加重，果实体积的增加幅度降低。W1和W2最后的果实体积分别较W0提高24.21%和13.73%。因为开花坐果期进行调亏灌溉，会抑制核桃树的枝条生长，把营养物质供给果树的生殖

器官。轻度亏水萌芽期＋开花坐果期连续轻度亏水后，如图 5.11（c）所示，W5 的体积较 W0 提高 13.68％。由此可见，核桃树调亏处理后，各处理均可增加果实体积。其中在核桃树萌芽期进行中度亏水和开花坐果期进行轻度亏水处理，后期复水保证土壤水分充足，核桃树果实体积的增大幅度最大。

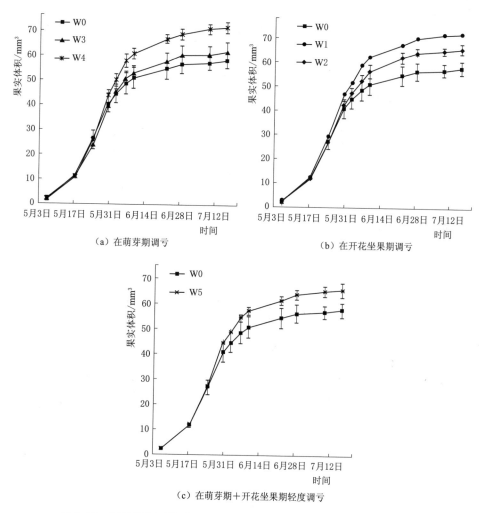

（a）在萌芽期调亏

（b）在开花坐果期调亏

（c）在萌芽期＋开花坐果期轻度调亏

图 5.11　调亏灌溉下滴灌核桃果实体积生长动态变化曲线（2019 年）

由图 5.12 可见，2021 年试验的 5 个处理核桃果实在不同生育阶段的果实横径变化情况，由于在萌芽期核桃果实未生长，因此本试验从开花坐果期开始果实纵、横径的测量。可以明确得出在开花坐果期的核桃树果实纵径，各处理的大体变化情况为 W3＞W1＞W4＞W2＞W0，由表 5.2 可以看出该阶段初期表现出 W1、W3 与 W2、W4、W0 具有显著性，表明在萌芽期、萌芽期＋开花坐果期进行中度调亏，与进行轻度调亏、正常滴灌相比，纵径增长明显；W1 与 W3 具有显著性，表明在萌芽期进行中度亏水处理，对核桃果实纵径生长具有促进作用，且增长 11.25%；W4 与 W0 相比可以看出，在萌芽期＋开花坐果期初期进行轻度调亏相比对照组，可以促进果实纵径生长，增加了 10.53%；W2 与 W4、W0 处理相比，说明在开花坐果期进行轻度调亏，与萌芽期＋开花坐果期进行轻度调亏及正常滴灌相比，对果实纵径影响不明显，但也存在差异，表现出 W4＞W2＞W0 的趋势。随着调亏次数的不断累积，该生育期末期 W1、W2、W3、W4 处理的纵径与 W0 相比，分别增加了 14.67%、6.06%、17.69% 及 11.44%。开花坐果期以后果实纵径的变化规律为 W2＞W0＞W1＞W4＞W3，大体表现为调亏程度越大，越抑制果实纵径生长的特征，这和开花坐果期得出的规律正好相反，产生这一现象的原因可能是，前期水分亏缺可以抑制营养生长，使根系吸收的水分更多地促进生殖增长，果实膨大期正好是作物吸收水分供生殖增长的需水关键期，在这个阶段进行调亏，就会出现调亏程度越大，对果实的纵径生长影响越大的特征。最终各个处理与对照组相比，W2 增长 1.35%，W1、W3 与 W4 分别减少 8.09%、11.49% 与 3.88%。

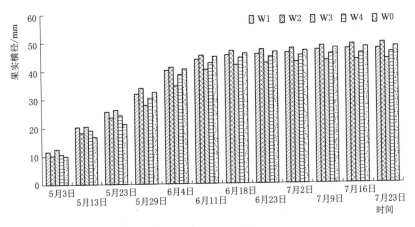

图 5.12　调亏灌溉下核桃果实横径变化（2021 年）

表 5.2　　　　　　　不同生育期各个处理核桃纵、横径（2021 年）

| 生育期 | 时间 | 纵、横径/mm | W1 | W2 | W3 | W4 | W0 |
|---|---|---|---|---|---|---|---|
| 开花坐果期 | 5月3日 | 纵径 | 10.83±0.30b | 9.15±0.14cd | 12.04±0.39a | 9.95±0.23c | 9.00±0.61d |
| | | 横径 | 11.63±0.15b | 10.17±0.23cd | 12.49±0.04a | 10.62±0.44c | 9.94±0.34d |
| | 5月13日 | 纵径 | 27.47±0.28b | 25.15±0.69cd | 28.72±0.52a | 26.25±0.19c | 25.00±0.61d |
| | | 横径 | 20.23±0.15a | 18.17±0.23b | 20.49±0.04a | 19.02±0.44b | 16.83±0.80c |

续表

| 生育期 | 时间 | 纵、横径/mm | W1 | W2 | W3 | W4 | W0 |
|---|---|---|---|---|---|---|---|
| 开花坐果期 | 5月23日 | 纵径 | 32.48±0.07b | 30.04±0.51d | 33.34±0.21a | 31.57±0.11c | 28.33±0.52e |
| | | 横径 | 25.53±0.12a | 23.6±0.11b | 26.14±0.70a | 24.28±0.07b | 21.19±0.59c |
| 果实膨大期 | 5月29日 | 纵径 | 37.46±0.46b | 40.06±0.52a | 33.9±0.62d | 36.26±0.22c | 39.14±0.19a |
| | | 横径 | 31.96±0.16b | 33.99±0.78a | 27.76±0.76d | 30.4±0.45c | 32.41±0.38b |
| | 6月4日 | 纵径 | 40.60±0.76b | 45.93±0.53a | 39.05±0.75d | 42.39±0.43c | 45.34±0.33a |
| | | 横径 | 40.08±0.14b | 41.17±0.44a | 34.54±0.35d | 38.53±0.17c | 40.46±0.26b |
| | 6月11日 | 纵径 | 46.28±0.79b | 49.9±0.77a | 43.33±0.2d | 45.07±0.26c | 48.79±0.29a |
| | | 横径 | 43.78±0.32b | 45.21±0.07a | 40.22±0.82d | 42.56±0.84c | 44.63±0.10ab |
| | 6月18日 | 纵径 | 47.78±1.00b | 50.48±0.60a | 44.83±0.42d | 46.43±0.22c | 49.39±0.19a |
| | | 横径 | 45.82±0.47b | 46.7±0.18a | 41.89±0.57d | 44.35±0.15c | 46.22±0.14b |
| | 6月23日 | 纵径 | 48.34±0.77b | 50.55±0.83a | 45.27±1.10c | 46.49±0.26c | 49.28±0.33ab |
| | | 横径 | 46.27±0.49b | 47.18±0.08a | 42.45±0.49d | 44.63±0.25c | 46.57±0.04b |
| 硬核期 | 7月2日 | 纵径 | 48.36±0.52b | 50.76±0.66a | 45.31±0.75d | 46.58±0.22c | 50.27±0.22a |
| | | 横径 | 46.64±0.44b | 47.49±0.19a | 42.75±0.4d | 44.98±0.26c | 46.84±0.19b |
| | 7月9日 | 纵径 | 49.09±0.71b | 51.91±0.28a | 45.46±0.91d | 47.51±0.26c | 51.02±0.36a |
| | | 横径 | 46.96±0.47b | 48.37±0.14a | 43.32±0.46d | 45.61±0.21c | 47.59±0.14b |
| | 7月16日 | 纵径 | 49.30±0.65b | 52.13±0.54a | 45.49±0.49d | 47.31±0.50c | 51.23±0.46a |
| | | 横径 | 47.31±0.52b | 48.85±0.03a | 43.4±0.37d | 45.83±0.28c | 47.88±0.15b |
| 油脂转化期 | 7月23日 | 纵径 | 49.50±0.56b | 52.19±0.19a | 45.58±0.44d | 47.33±0.86c | 51.50±0.08a |
| | | 横径 | 47.4±0.49b | 49.29±0.08a | 43.67±0.30d | 46.05±0.37c | 48.06±0.20b |

注 同一指标的不同字母表示数据间存在显著性差异（$P<0.05$）。

核桃果实纵径如图 5.13 所示，可以看出与横径（图 5.12）的变化趋势大体一致，也表现出在开花坐果期调亏程度越大果实横径生长越明显的现象，该阶段末 W1、W2、W3、W4 与 W0 处理相比，果实横径分别增长 20.49%、11.37%、23.36% 与 14.57%，通过表 5.2 可以看出开花坐果期初期 W1、W3 与 W2、W4、W0 具有显著性差异，说明在萌芽期中度调亏及开花坐果期初期中度调亏，对果实横径的生长具有促进作用，W1、W3 与 W2、W4、W0 相比分别增长 14.35%、9.56%、17.04% 及 22.77%、17.63%、25.65%。W2、W4、W0 则表现为在萌芽期与开花坐果期初期进行轻度调亏，对果实横径的变化不大。开花坐果期以后各个生育期进行不同程度的水分亏缺，各个阶段的各个处理变化规律大体均表现为 W2＞W0＞W1＞W4＞W3，这与该生育期纵径生长规律相似，都表现出随着调亏程度增大，对核桃果实横径抑制越严重的现象。开花坐果期初期 W4 的果实横径略大于 W2 更好地说明了，萌芽期轻度亏水对果实横径影响不明显，在开花坐果期调亏程度 W1＞W4，该阶段调亏越大，对横径增长越明显，果实膨大期调亏则对横径增长起到抑制作用，且 W1 调亏程度由中度调亏转变成轻度调亏，对植物生长具有一定的生长补偿作用，这也是该处理果实横径优于 W4 果实横径的一方面原因。且生育末期处理 W2 与 W0 相比，果实横径增加了 2.55％，其余的 W1、W3、W4 与 W0 相比，果实横径分别减少了 4.20％、9.15％与 1.39％。

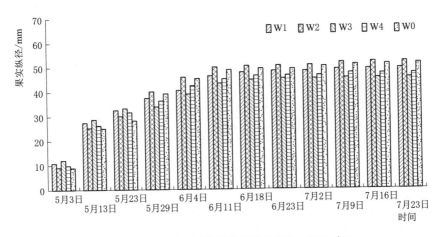

图 5.13 调亏灌溉下核桃果实纵径变化（2021 年）

果实纵、横径均表现为在 W2 处理最大，可能是由于在开花坐果期进行轻度亏水，在下一阶段复水，会产生生长补偿作用，对后期核桃树的生殖生长具有促进作用。

不同处理在生育期末果实体积表现为 W2＞W0＞W1＞W4＞W3，相较于 W0 处理，W2 处理果实体积增加了 6.20％，可见在开花坐果期轻度调亏，可以促进果实体积的增大，再加上下个需水关键期复水，就会使果树产生生长补偿效应，从而促进果实体积的增长，W1、W3、W4 处理较 W0 处理果实最终体积分别减少了 8.00％、29.54％、17.06％，这说明了虽然开花坐果期调亏对果实生长具有促进作用，但在果实膨大期这一需水关键期，无论进行轻度调亏还是中度调亏都会抑制果实的生长。开花坐果期末各个处理果实体积变化表现为 W3＞W1＞W4＞W2＞W0，进一步验证了在保证作物需水下限的前提下，开花坐果期调亏程度越大，对果实体积正相关性影响越明显；开花坐果期后各个生育期则表现为调亏程度越大，对果实体积负相关性影响越明显。并对 W2 与 W3 处理的果实体积生长过程进行线性拟合，表明果实体积生长服从多项式分布，且拟合效果较好，分别为 $R^2=0.9673$ 与 $R^2=0.9735$。

# 5.5　不同调亏处理下核桃的产量

表5.3为2018年试验的不同调亏处理下核桃产量及其组成成分。由表5.3可知：果实产量最高出现在开花坐果期轻度调亏的W1处理。由单果重可知，轻度调亏（W1处理）单果重相比对照组，增加3.5%左右，产量增加程度较高。说明轻度调亏对单果重、出仁率等果实构成因素影响较弱，而对果实数量影响较高，增产7.1%左右。说明在开花坐果期，水分充足，可能会造成落花落果现象[227]，而适当的进行调亏灌溉，可以提高产量。但当在开花坐果期进行中度调亏（W2处理）后，单果重和仁重等果实构成因素均有提升，但产量却下降2.3%左右，说明过度的调亏灌溉同样会对果实数量造成影响，导致出现落花落果现象[228]，造成减产。

表5.3　　　　　不同调亏处理下核桃产量及其组成成分（2018年）

| 处理 | 单果重<br>/g | 仁重<br>/g | 出仁率<br>/% | 产量<br>/（kg/hm²） | 产量增减率<br>/% |
|------|------|------|------|------|------|
| W0 | 12.46b | 8.08b | 64.85bc | 3874.95b | 100.00 |
| W1 | 12.90a | 8.44a | 65.38b | 4150.70a | 107.12 |
| W2 | 12.81a | 8.54a | 66.67a | 3787.88bc | 97.75 |
| W3 | 12.35c | 7.92b | 64.12c | 3769.69bc | 97.28 |
| W4 | 12.30d | 7.78c | 63.25d | 3651.28c | 94.23 |
| W5 | 12.42bc | 8.03b | 64.65bc | 3534.34d | 91.21 |
| W6 | 12.29d | 7.98b | 64.90bc | 3274.51e | 84.50 |

注　同一指标的不同字母表示数据间存在显著性差异（$P < 0.05$）。

当果实膨大期进行轻度调亏后，由试验数据可知，轻度调亏（W3处理）对单果重影响程度较弱（<1%），对出仁率影响程度较高（差幅2.5%），对产量影响较高（2.7%），说明轻度调亏既会影响果实品质，也会造成落果现象。而由果实膨大期中度调亏（W4处理）可以明显地看出，单果重减少幅度仍微弱，但出仁率和产量减少幅度继续显著扩大。验证了上述推断：果实膨大期进行调亏灌溉后，会造成落果现象，产量相对减少，同时由于水分供给不足，会造成果实空果现象，使经济效益受损。

由上述可知，在开花坐果期轻度调亏（W1处理）会增加果实数量，在果实膨大期进行轻度调亏会减少果实数量，降低出仁率。而当在开花坐果期和果实膨大期均进行轻度调亏灌溉（W5处理）后，单果重和出仁率基本没有发生变化，但产量出现了显著的下降，下降幅度为8.7%。说明在果实数量过多时进行轻度调亏，会促使植物发生自适应性落果现象。由于亏缺时间较长，其落果数量较其他处理更加显著且数量相对增加。当继续增加亏缺程度至中度调亏（W6 处理）时，这种影响程度更加显著，果实单果重和出仁率基本不受影响，但产量下降 15.5%，验证了上述对开花坐果期和果实膨大期均进行轻度调亏灌溉果实产量及其组成成分变化趋势的判断。

在不同生育期进行调亏灌溉，对作物果实产量产生的影响各不相同。核桃树是雌雄同株，雌花、雄花一同开放。在开花坐果期进行调亏灌溉，可能会出现少数落花现象，影响授粉，导致坐果率降低；但存活的幼果会获得更多的水分和营养供其生长发育，因此开花坐果期调亏，单果的体积和重量都会有所提高。这与 Morison et al.[229] 的观念：调亏灌溉并不总是降低产量，早期适度的调亏灌溉在某些作物上会有利于增产相一致。核桃树在不同的生育期对水分需求的程度存在较大差异，果实膨大期对调亏灌溉最为敏感，核桃最终体积的 70% 以上是在果实膨大期生长完成。在果实膨大期进行调亏灌溉会抑制果实的膨大，导致单果的体积和重量均有所下降，与崔宁博[230] 在梨枣果实膨大期进行调亏灌溉试验，使单果质量与果实体积均明显下降这一结论相同。在开花坐果期和果实膨大期均进行调亏灌溉时，果实的单果重量明显小于对照组，亏缺程度越大，减重越明显。在这两个时期都进行调亏灌溉时，会明显导致核桃树减产。

表 5.4 为 2019 年试验的不同生育期调亏灌溉下核桃树的产量，分析可以看出较 W0 处理，W1 和 W4 处理的果实横径分别显著增加 7.52% 和 7.01%，纵径分别显著增加 7.53% 和 7.57%。单棵挂果个数最大的是 W5 处理，有 343 个；其次是 W1 处理有 321 个，较 W0 处理分别显著增加了 118.47% 和 104.46%；W2、W3 和 W4 处理较 W0 处理分别增加了 63.06%、84.08% 和 72.61%。各处理调亏后，单果质量和仁重均有降低，其中 W5 处理的单果质量和仁重比 W0 处理显著降低了 9.95% 和 9.71%；其他较 W0 处理不存在显著差异。

表 5.4　　　　　不同生育期调亏灌溉下核桃树的产量（2019 年）

| 处理 | 横径/mm | 纵径/mm | 单棵挂果个数 | 单果质量/g | 仁重/g | 出仁率/% | 产量/(kg/hm²) |
|------|---------|---------|--------------|-----------|--------|----------|----------------|
| W0 | 49.63b | 44.91b | 157b | 12.96a | 8.65a | 66.80a | 3400b |
| W1 | 53.36a | 48.29a | 321a | 12.59ab | 8.14ab | 64.74a | 6751a |
| W2 | 51.67ab | 47.11ab | 256ab | 12.17ab | 8.08ab | 66.51a | 5003ab |
| W3 | 50.34b | 46.20ab | 289ab | 12.52ab | 8.17ab | 65.22a | 6026ab |
| W4 | 53.14a | 48.31a | 271ab | 12.40ab | 8.32ab | 67.06a | 5548ab |
| W5 | 51.39ab | 47.56ab | 343a | 11.67b | 7.81b | 66.92a | 6623a |

注　同一指标的不同字母表示数据间存在显著性差异（$P < 0.05$）。

通过比较 W0 与 W1、W2 的核桃产量发现，W1 较 W0 增产效果显著，增产 98.56%，W2 处理增产不显著，增产 47.15%，这是因为开花坐果期轻度亏水能够有效抑制枝条的生长，适当的落花，有利于后期幼果的快速发育；亏水程度加重，落花严重导致产量下降。通过比较 W0 与 W3、W4 处理的核桃产量，发现核桃树萌芽期进行调亏灌溉增产效果不显著，分别增产 77.24% 和 63.18%，主要是因为该期为核桃树营养器官生长的初始阶段，对生殖生长影响较小。萌芽期＋开花坐果期连续亏水（W5 处理）较 W0 处理显著增产 94.79%。

表 5.5 可见 2021 年试验的单果质量、仁重、产量这 3 个指标，随着不同灌水处理由大到小的变化为 W2＞W0＞W4＞W1＞W3。W2 处理单果重较 W0 处理增加了 4.94%，说明在开花坐果期轻度调亏产生少量的落花落果现象，可以促进作物的生殖增长，进而提高核桃单果重；进行连续调亏的 W1、W3、W4 处理相比 W0 处理单果重降低了 2.75%、6.40%、0.89%，W1 之所以单果重下降是因为开花坐果期中度调亏落花落果现象提高，再加上果实膨大期轻度调亏抑制了果实增长；W3、W4 处理在萌芽期不同程度调亏会使开花提前，从而有利于增加产量，但开花坐果期调亏会产生落花落果的现象，再加上果实膨大期进行调亏，对果实增长起到了抑制作用。W2 处理较 W0 处理仁重提高了 4.12%，W1、W3、W4 处理较 W0 处理仁重降低了 6.54%、7.75%、3.87%。W2 处理较 W0 处理产量提高了 6.68%，W1、W3、W4 处理较 W0 处理产量降低了 10.03%、17.34%、2.66%，W2 处理高于 W0 处理产量，这说明在开花坐果期轻度调亏少数的落花落果现象，造成的多余水、养分会转移至生殖增长，从而提高果实的产量，W1、W4 与 W3 相比产量增加了 8.86%、17.77%，表明在开花坐果期进行中度调亏及果实膨大期需水关键期调亏程度越大，对果实产量抑制越明显。总的来说在开花坐果期轻度调亏可以提高核桃单果质量、仁重、产量，而在作物需水关键期进行调亏则会降低产量。

表 5.5 调亏灌溉下核桃产量及经济效益（2021 年）

| 结果 | 单果质量/g | 仁重/g | 体积/cm³ | 产量/(kg·hm⁻²) | 地面漫灌产量/(kg·hm⁻²) | 当地单价/(元·kg⁻¹) | 经济增效/% |
|---|---|---|---|---|---|---|---|
| W0 | 12.35ab | 8.26ab | 74.87b | 4399b | | | 2 |
| W1 | 12.01bc | 7.72b | 68.88c | 3958c | | | −18 |
| W2 | 12.96a | 8.60a | 79.51a | 4693a | 4350 | 14 | 15 |
| W3 | 11.56c | 7.62b | 52.75e | 3636d | | | −32 |
| W4 | 12.24b | 7.94ab | 62.1d | 4282b | | | −3 |

通过咨询当地相关人员，获取当地核桃晒干后的单价为 14 元/kg，地面漫灌产量为 4350kg/hm²，从而得知 W0、W1、W2、W3、W4 与漫灌产量相比的

经济增效分别为 2%、−18%、15%、−32%、−3%。通过各个指标的综合分析，从而得出最优的灌溉制度为 W2 处理，不仅起到了减少剪枝量的作用，而且在节水的前提下还增加了产量，为当地人民增加了经济效益。

## 5.6 小 结

2018 年试验研究发现调亏灌溉对核桃树生理指标影响显著。当充分灌溉时，核桃树新梢长度和叶面积指数最大，随着生育期的变换，新梢生长速率逐渐变缓慢至不再生长；叶面积指数的数值先增大到成熟期逐渐减小。核桃树在开花坐果期进行调亏灌溉，调亏的程度越大，新梢累计生长量越小，生长速率也越低；叶面积指数变化规律与新梢生长的变化趋势相同。在果实膨大期调亏灌溉对新梢的影响不显著；但对叶面积指数的影响较为显著，说明叶片比新梢对水分亏缺的敏感程度更高一些。当开花坐果期＋果实膨大期都进行调亏灌溉时，新梢的生长和叶面积指数都会受到二次抑制，比起一个生育期调亏，更加能影响新梢和叶片的生长。在核桃数不同生育期进行调亏试验，结果表明各处理核桃树叶片叶绿素含量指数总体上随着生育期的推移均出现先增大后减小的变化趋势。不同生育期内进行调亏均会导致叶绿素含量下降，但经过复水处理后，轻度调亏处理的核桃树叶片的 $SPAD$ 值会与对照组的基本接近。但中度调亏处理的核桃树叶片的 $SPAD$ 值还是会比对照组的小。说明轻度水分调亏是可以通过充分灌溉来对叶片的组织损伤进行修复，而中度水分调亏却还是出现一定的差距，长时间的中度水分调亏会严重影响叶片的生理发育，造成不可逆转的影响。核桃树在果实膨大期进行调亏灌溉试验，果型上总体呈现调亏灌溉程度越大，果实体积越小的变化趋势。在果实产量构成因素中，极易出现落果、空果现象，致使产量相对减少，经济效益受损。故在果实膨大期调亏灌溉对果型参数和果实产量起到了负面影响。但在开花坐果期进行轻度调亏灌溉会抑制果树新梢旺长，减少养分竞争，保证果树生殖器官的发育，使得果实体积增大、数量增多、产量提高，对果型参数和果实产量起到了正面影响。因此本研究认为在开花坐果期进行轻度调亏灌溉，有利于作物产量的提升，而在其他生育期进行调亏灌溉，或加重开花坐果期调亏程度，会造成果实产量的降低。

2019 年通过采用 SPSS 19.0 对所需评价指标进行相关分析，得到相关系数矩阵 $\boldsymbol{R}=(R_{np})_{6\times6}$，采用 Excel 2019 计算标准差，根据下面的公式进行权重计算：

$$C_p = \delta_p \sum_{p=1}^{n}(1-R_{np}) \quad (p=1,2,\cdots,n) \tag{5.1}$$

$$W_p = \frac{C_p}{\sum\limits_{p=1}^{n} C_p} \quad (p = 1, 2, \cdots, n) \tag{5.2}$$

式中：$C_p$ 为第 $p$ 个评价指标所包含的信息量；$\delta_p$ 为第 $p$ 个指标的标准差；$R_{np}$ 为评价指标 $n$ 和 $p$ 之间的相关系数；$W_p$ 为第 $p$ 个指标的客观权重。

表 5.6 是各指标的相关系数矩阵，运用 SPSS 19.0 软件进行分析所得，表 5.7 是各指标的权重，利用式（5.1）和式（5.2）计算所得。表 5.8 是各处理的综合得分及排序，可以看到各水分亏缺处理的核桃树综合排名为 W1＞W5＞W3＞W4＞W2＞W0，最优处理为 W1，最差处理是 W2。

**表 5.6** 各指标的相关系数矩阵

| 指标 | A1 | A2 | A3 | A4 | A5 | A6 |
|------|------|------|------|------|------|------|
| A1 | 1.000 | | | | | |
| A2 | −0.709 | 1.000 | | | | |
| A3 | −0.895 | 0.905 | 1.000 | | | |
| A4 | 0.985 | −0.578 | −0.813 | 1.000 | | |
| A5 | 0.991 | −0.610 | −0.836 | 0.999 | 1.000 | |
| A6 | 0.992 | −0.617 | −0.841 | 0.998 | 1.000 | 1.000 |

**表 5.7** 各 指 标 的 权 重

| 指标 | A1 | A2 | A3 | A4 | A5 | A6 |
|------|------|------|------|------|------|------|
| 权重 | 0.223 | 0.072 | 0.078 | 0.203 | 0.212 | 0.213 |

**注** A1 为单棵挂果数；A2 为单果质量；A3 为仁重；A4 为产量；A5 为水分利用效率；A6 为灌溉水利用效率。

**表 5.8** 各处理的综合得分及排序

| 处理 | W0 | W1 | W2 | W3 | W4 | W5 |
|------|------|------|------|------|------|------|
| 得分 | 56.11 | 97.95 | 77.78 | 88.74 | 83.52 | 97.89 |
| 排序 | 6 | 1 | 5 | 3 | 4 | 2 |

试验研究发现各处理间核桃树叶片 SPAD 值的变化规律一致，随着生育期的推进呈现先增后减的规律。萌芽期轻度调亏并在开花坐果期复水后，轻度亏水的 SPAD 值高于正常灌溉，中度亏水始终低于正常灌溉。这是因为轻度亏水并复水后核桃叶片快速生长引起，而后者由于缺水加重，复水后果树发育延迟，叶片生长恢复缓慢。开花坐果期亏水并在果实膨大期复水后，发现 SPAD 值始终大于正常灌溉的值。萌芽期＋开花坐果期连续亏水后与对照组变化一致，复水后亏水处理的 SPAD 值较高。不同调亏程度下核桃果实体积的生长变化呈现

先快速—后缓慢—趋于稳定 3 个阶段。萌芽期亏水，中度亏水的果实体积最大，其次是轻度亏水，最后对照组。开花坐果期亏水，果实体积的大小随亏水程度的增加而减小。萌芽期＋开花坐果期连续亏水后核桃果实体积大于对照组。说明在萌芽期和开花坐果期施加调亏灌溉，后期保证充分的灌水可以增大核桃的果实体积。适当的灌水是高产的基本保障。由分析可知，各调亏灌溉均可以提高核桃树的产量，其中开花坐果期进行轻度亏水的产量最大，为 6751kg/hm²。其次是萌芽期＋开花坐果期连续轻度调亏灌溉，为 6623kg/hm²。在开花坐果期轻度调亏和萌芽期＋开花坐果期连续轻度调亏灌溉，使果实的单棵挂果数和产量较正常灌溉均显著提高，其他处理较正常灌溉差异不显著；前者单果质量和仁重有所减小，后者显著降低。

2021 年试验研究调亏灌溉对新梢生长量的影响，表明在不同调亏处理下新梢变化情况表现为对照组新梢生长量最大，连续中度调亏新梢生长量最小，生育期末 W1、W2、W3、W4 相比对照组新梢分别减少了 15.95%、3.68%、18.31%、7.91%，说明调亏程度越大对新梢生长抑制作用越明显，减少了剪枝量，使吸收的水分补给生殖生长，从而提高果实的产量。调亏灌溉对果实纵、横径的影响，表明非需水关键期调亏程度越大，对纵、横径生长起到促进作用，开花坐果期末各个处理纵、横径表现为连续中度调亏处理果实纵、横径最大，对照组果实纵、横径最小；在需水关键期表现出调亏程度越大，对果实纵、横径增长起到抑制作用，各个处理在生育期末表现为开花坐果期轻度调亏处理果实纵、横径最大，连续中度调亏处理果实纵、横径最小。

武阳、徐胜利等[231-232]对树龄 24a 的成龄库尔勒香梨，采用滴灌灌水模式分别在调亏时间及土壤水分亏缺程度方面对果树生长及产量开展研究工作，得出在细胞分裂期进行水分亏缺可有效地抑制库尔勒香梨的营养生长，并得出在果树生长发育周期内实施适时、适量的调亏灌溉，可以提高产量。冯泽洋等[233]研究得出调亏程度越大，对新梢及株高生长抑制越明显，这与本研究结论一致。本研究表明进行调亏可以降低叶片中的 SPAD 值，仅在开花坐果期进行轻度调亏，复水后 SPAD 值可达到对照组水平，这与刘钧庆等[234]得出的结论一致，说明调亏灌溉会对植物细胞进行相应程度的损伤，但下阶段复水会对细胞进行修复，若需水关键期调亏，损伤的细胞则无法修复到正常水平，还有另一方面的原因，水分亏缺加速了叶子的衰老和脱落从而影响光合作用。轻度水分亏缺虽能影响叶片生长，但并不影响气孔开放和叶绿素光合酶活性，因而对光合作用速率不会造成明显的影响，只有水分亏缺加剧时光合速率才会明显下降。Zhang et al.[235]、崔宁博[236]认为果树果实的生长发育对水分亏缺的反应，因其实施阶段不同而有所差异，在需水非关键期进行一定程度、持续一定时间的水分亏缺，可抑制果树的过盛营养生长，下阶段复水后反而能促进果实生长，从而在成熟末期获得更大体积的果实，这与本研究规律相符。水分调亏程度过大或者是调亏延续的时间相对较长，均会导致果实生长减小[237]。在作物的不同生育期进行调亏灌溉，对作物果实产量产生的影响也不相同。张泽宇等[238]对辣椒各生育周期进行调亏灌溉试验，表明调亏对于辣椒株高、茎粗、叶面积等指标均产生减小趋势。另外，在苗期、花期两个生育阶段进行适度水分亏缺，有利于提高辣椒干物质量和产量，但果期水分调亏导致干物质量和产量均减小。

Cuevas et al.[239]报道前期亏水处理使枇杷花期明显提前，果树花期亏水处理会使花的数量降低。在开花坐果期实施调亏灌溉时，可能会引发一些落花，这会对授粉造成干扰，并可能降低座果率。然而，由于幼果数量减少，存活下来的果实能够获得更多水分和养分，这将促进它们的生长，导致单个果实体积和重量的增加。这也与 Morison et al.[229]的观念：调亏灌溉不总减少产量，有时会使某些作物增产相一致。核桃需水差异大，果实膨大期对调亏敏感，此期调亏影响果实膨大，减少体积和重量。本试验是在作物生长发育前期进行调亏，表明开花坐果期轻度调亏不仅起到节水作用还增加产量，这与菘蓝[240]、灰枣树[241]及马铃薯[242]在生育前期进行调亏从而提高产量结论一致。调亏灌溉对果实体积及产量的影响，表明单果重、仁重、体积及产量最大值均出现在开花坐果期轻度调亏处理（W2 处理），该处理的单果重、仁重与 W1、W3、W4 具有显著差异（$P < 0.05$），该处理的体积、产量与其他处理具有显著差异（$P < 0.05$），开花坐果期轻度调亏处理产量为 4693kg/hm$^2$。

# 第6章  调亏灌溉下滴灌核桃根系分布特征及根系吸水研究

根系吸水是植物水分传输系统的最初端，为作物本身进行营养与生殖增长提供水分，并且对植物的光合作用产生间接效应。此外，植物吸收水分和养分的重要途径是通过植物的细根[243-244]，根系的分布影响着土壤水分的利用策略、消耗及运移情况，因此建立根系吸水模型是一个非常重要的环节[245-247]。近年来，基于计算机的发展，数值模拟逐渐成为分析和研究土壤水分运移较好的手段和方法。Hydrus 是模拟在变饱和介质中研究水、热和复合溶质的二维和三维运动软件。许多学者基于 Hydrus 软件对土壤水运动进行数值模拟，结果表明模拟精度高且应用范围广[248-250]。

目前针对柑橘、苹果、番茄、枣等作物的根系空间分布研究较为充分，核桃树在充分灌水条件下的根系分布研究也较多，但针对调亏灌溉试验的核桃树根系空间分布特性研究相对较少，因此本章主要研究滴灌条件下两年的核桃总根长和有效根的空间分布，建立二维分布函数，确定根的密集活动区。本章节中用 Hydrus-2D 软件分别模拟 2019 年 W1 处理以及 2021 年 W0 的根系吸水情况，分析土壤水分变化过程。

## 6.1  根  系  取  样

### 6.1.1  挖根方式

2019 年试验根区取样均采用分层分段挖掘法，该方法在国内外都得到广泛应用。取样时，从树干的行方向开始，挖取一个 150cm（长）×30cm（宽）×120cm（深）的土壤剖面，单元体按 30cm（长）×30cm（宽）×20cm（深）进行分层挖掘，共取土样 30 个。挖根方式如图 6.1 所示。

2021 年试验根区取样采用分层分段立体挖掘法。以树干作为起点进行取样时，向行、株向挖取一个 150cm（长）×100cm（宽）×120cm（深）的土壤立方体，并按照 30cm（长）×20cm（宽）×20cm（深）进行分层分段挖掘处理，果实膨大期调亏末期对 W0、W3、W4 处理进行挖根，总计挖 5×5×6×3＝450 个小土块，在成熟期末对 W3 处理进行挖根，总计挖 5×5×6＝150 个小土块，然后进行挑根、扫描根和烘箱烘干等工作。挖根方式如图 6.2 所示。

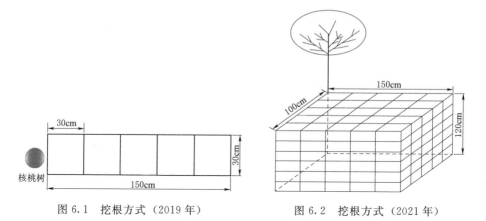

图 6.1 挖根方式（2019 年）    图 6.2 挖根方式（2021 年）

## 6.1.2 根系处理

2019 年与 2021 年根系处理方式相同，取出土样，过 4 目水洗筛，将根系筛出并用清水清洗干净，装入有编号的封口袋带回实验室。去除杂物和死根，将根系清洗后自然风干，用 0.01g 天平秤取根系鲜重，并放置于透明玻璃托盘中，放置时保证根系平铺不交叉以减小误差，然后用扫描仪进行根系扫描，扫描设备为 HP Scanjet 8200 型扫描仪。进行根系扫描和将扫描后的根系风干后称得干根重，最后将得出的 300dpi 分辨率图像用专用的万深 LA－S 根系分析软件进行分析处理，从而得到根系直径 $d<2$mm 以下对应的根系数据。鉴于核桃灌水考虑，对根系的研究只针对于吸水根（细根）。

根长密度为各根系取样点总根长度除以每次取土体积；根重密度为各根系取样点总根干重除以每次取土体积。

$$RLD=L/V \tag{6.1}$$

$$RGD=G/V \tag{6.2}$$

式中：$RLD$ 为根长密度，cm/cm$^3$；$RGD$ 为根重密度，mg/cm$^3$；$L$ 为根系长度，cm；$G$ 为根系质量，mg；$V$ 为土体体积，cm$^3$。

## 6.2 调亏灌溉下滴灌核桃根系的空间分布特征

### 6.2.1 调亏灌溉下滴灌核桃总根长的分布特性

2019 年按 W1 和 W5 处理分别挖取地下根系，研究根系分布特征。图 6.3 为 W1 处理的核桃根长在水平方向和垂直方向的分布。从图中可以看出核桃根系在水平方向的分布随水平距离的增加呈双峰曲线，峰值出现在 30～60cm 处，根长为 26324.30cm，占总根长的 24.25％。次峰出现在 90～120cm 处，根长为 21051.06cm，占总根长的 19.39％。主要根长分布在 0～120cm 处，占总根长的 84.61％。在垂直方向上的分布随土层深度的增加呈双峰曲线，峰值出现在 40～60cm 处，根长为 20671.80cm，占总根长的 22.64％。次峰出现在 80～100cm 处，根长为 19609.30cm，占总根长的 21.48％。主要根长分布在 40～100cm 处，占总根长的 63.83％。

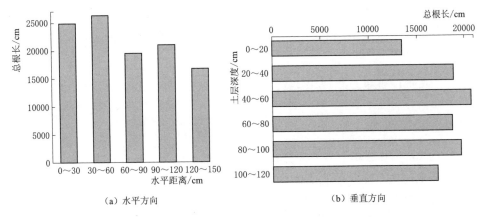

（a）水平方向　　　　　　　　　　（b）垂直方向

图 6.3　W1 处理核桃在水平和垂直方向的总根长分布（2019 年）

　　W5 处理核桃根长的分布如图 6.4 所示，在水平方向随树距的增加呈双峰曲线，峰值出现在 30～60cm 处，根长为 12325.78cm，占总根长的 23.19％。次峰出现在 90～120cm 处，根长为 11153.40cm，占总根长的 20.99％。主要根长分布在 0～120cm 处，占总根长的 84.41％。在垂直方向上总根长呈单峰曲线，20～40cm 处总根长为 21950.03cm，占总根长的 41.30％。

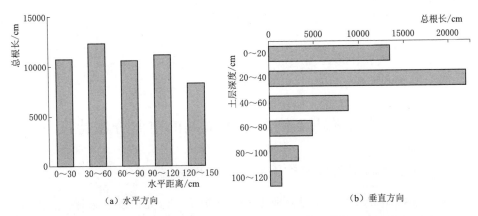

（a）水平方向　　　　　　　　　　（b）垂直方向

图 6.4　W5 处理核桃在水平和垂直方向的总根长分布（2019 年）

通过实验发现大多数根系主要在浅、中层土壤中生长，其原因可能是由于两个方面因素的影响，一方面是滴灌灌溉为多频少量的模式，使得在土壤表面水分分布减少，土壤表面蒸发量降低，减少多余径流量产生；并且滴灌灌溉会极大程度地减少深层渗漏量。另一方面是本试验采用调亏灌溉模式，进一步对灌溉水量进行控制，使水分入渗至深层土壤的量将进一步减少，根具有向水性生长的特征，就会使得浅、中层土壤根系生长茂盛。

2021年对W0、W3、W4处理分别挖取地下根系，总根长垂向分布情况如图6.5所示，不同调亏灌溉条件下随着土层深度的增加，W0、W3、W4的总体变化趋势大体表现为单峰曲线，且W3、W4调亏处理在20～40cm有效总根长最大，分别为74067cm、55678cm，W0处理在40～60cm有效总跟长最大，为50959cm。其中W0、W3、W4有效根长主要分布在0～80cm范围内，分别占0～120cm土壤垂直方向总根长的77.87%、94.81%及85.35%，其中W0与W3、W4相比，分别减少了16.94%与7.48%。通过图6.5还可以看出，不同调亏滴灌下不同土层深度各层有效根系的分布情况：在0～40cm为W3＞W4＞W0，在40～120cm为W0＞W4＞W3，这是由于调亏灌溉造成不同处理的灌溉量有所不同，此外核桃树生长发育前期，主要进行的是营养生长，根系在生育前期生长旺盛，因此调亏程度高的W3灌水处理，不如W4及W0处理的土壤水分入渗快且广，但为了满足核桃树自身的营养生长，调亏程度大的W3有效根系生长在0～40cm要比W4、W0的有效根系生长旺盛。

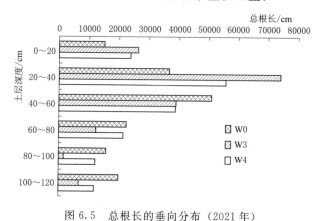

图6.5　总根长的垂向分布（2021年）

总根长水平方向分布情况如图6.6所示，不同调亏灌溉下的有效总根长在水平方向30～60cm处最大，W0、W3、W4有效总根长分别为37531cm、44192cm、40833cm。这主要是由于滴灌带铺设在距离核桃树50cm处及灌溉水分在水平方向上的分布情况导致的。在水平方向上不同调亏处理W0、W3、W4总根长的分布主要集中在0～120cm处，分别占总量的80.87%、88.97%、

84.99％，W3、W4 与 W0 相比分别增加了 8.10％、4.12％，这与根系垂向分布的情况相似。

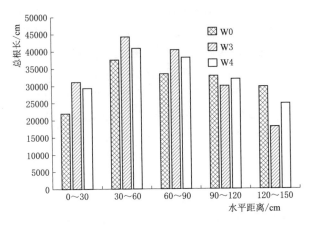

图 6.6　总根长的水平分布（2021 年）

## 6.2.2　调亏灌溉下滴灌核桃根重的分布特性

图 6.7 为 2019 年滴灌核桃 W1 处理在水平方向和垂直方向的根重分布。从图中可以看出根重在水平方向的分布随水平距离的增加而减小，主要根重分布在 0～90cm 处，占总根重的 73.04％。最大值出现在 0～30cm 处，根重为 31.58g，占总根重的 27.08％。根重在垂直方向上的分布随土层深度的增加呈单峰曲线，峰值出现在 20～40cm 处，根重为 34.08g，占总根重的 30.19％。主要根重分布在 20～80cm 处，占总根重的 75.57％。

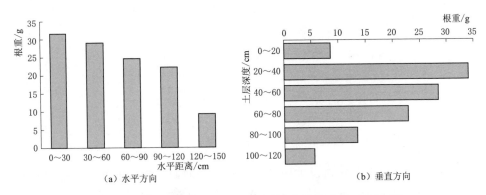

（a）水平方向　　　　　　　　　　（b）垂直方向

图 6.7　W1 处理核桃在水平和垂直方向的根重分布（2019 年）

W5 处理核桃根重的分布如图 6.8 所示，根重在水平方向的分布特征为：随水平距离的变化根重逐渐递减，主要根重分布在 0～90cm 处，占总根重的

70.90％。峰值出现在 0～30cm 处，根重为 20.24g，占总根重的 25.70％。根重在垂直方向上的分布呈单峰曲线，0～60cm 处最大，根重为 66.61g，占总根重的 84.18％。

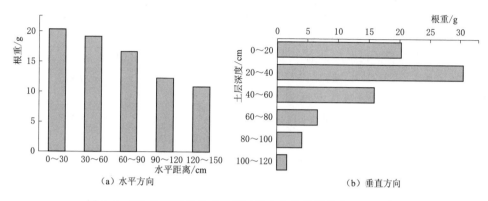

图 6.8 W5 处理核桃在水平和垂直方向的根重分布（2019 年）

## 6.3 核桃树根系密度一维分布特征与分布函数的建立

### 6.3.1 核桃树有效根长密度一维分布特征与分布函数的建立

2019 年 W1 和 W5 处理的水平有效根长密度分布见表 6.1。两处理的有效根长密度在水平方向变化一致，均呈 M 形的变化趋势。在距树水平距离 0～120cm 处的有效根长密度分布较为集中，分别占总有效根长密度的 84.05％和 84.23％，其中 30～60cm 所占的比例较大，分别为 24.20％和 22.52％。30～60cm 的根系生长最为旺盛，是由于滴灌管布置在距离核桃树 50cm 处，水肥的吸收最为便利。

**表 6.1 核桃有效根长密度水平分布数据（2019 年）**

| 水平距离 /cm | W1 | | W5 | |
|---|---|---|---|---|
| | 有效根长密度 /(cm/cm³) | 相对比例 /％ | 有效根长密度 /(cm/cm³) | 相对比例 /％ |
| 0～30 | 1.293 | 22.77 | 0.549 | 19.89 |
| 30～60 | 1.374 | 24.20 | 0.622 | 22.52 |
| 60～90 | 1.044 | 18.37 | 0.559 | 20.24 |
| 90～120 | 1.062 | 18.71 | 0.596 | 21.58 |
| 120～150 | 0.906 | 15.95 | 0.435 | 15.77 |

有效根长密度分布函数拟合如下：

W1 处理：$H(x)=-0.2242x^2-0.2748x+1.3994, R^2=0.8033$     (6.3)

W5 处理：$H(x)=-0.13x^2-0.9804x+1.0868, R^2=0.7688$     (6.4)

式中：$H(x)$ 为有效根长密度，$cm/cm^3$；$x$ 为水平距离，$cm$。

2019 年 W1 和 W5 处理的垂向有效根长密度见表 6.2。W1 处理在 20～100cm 处的有效根长密度分布最多，较为均匀，占总有效根长密度的 71.79%。峰值出现在 40～60cm 处，占总有效根长密度的 19.25%，次峰出现在 80～100cm 处，占总有效根长密度的 18.56%。W5 处理有效根长密度在土层深度 0～120cm 处的变化趋势是先增后减，在 0～60cm 范围内占总有效根长密度的 84.32%，其中 20～40cm 所占的比例较大，为 39.87%。

表 6.2           核桃有效根长密度垂向分布数据（2019 年）

| 土层深度 /cm | W1 | | W5 | |
| --- | --- | --- | --- | --- |
| | 有效根长密度 /(cm/cm³) | 相对比例 /% | 有效根长密度 /(cm/cm³) | 相对比例 /% |
| 0～20 | 0.742 | 13.07 | 0.742 | 26.89 |
| 20～40 | 0.950 | 16.73 | 1.101 | 39.87 |
| 40～60 | 1.093 | 19.25 | 0.485 | 17.56 |
| 60～80 | 0.980 | 17.25 | 0.254 | 9.32 |
| 80～100 | 1.054 | 18.56 | 0.121 | 4.37 |
| 100～120 | 0.860 | 15.14 | 0.055 | 2.00 |

有效根长密度分布函数拟合如下：

W1 处理：$H(z)=-1.4704z^2-1.8501z+0.4868, R^2=0.8516$     (6.5)

W5 处理：$H(z)=-0.6538z^2+0.6577z+0.4452, R^2=0.7831$     (6.6)

式中：$H(z)$ 为有效根长密度，$cm/cm^3$；$z$ 为土层深度，$cm$。

表 6.3 为 2021 年不同调亏灌溉下，垂直方向上不同土层深度的有效根长密度及相对有效根长密度的分布情况，可以看出 W3、W4 不同处理的有效根长密度在 20～40cm 分布最大，分别为 0.247、0.186，W0 处理在 40～60cm 有效根长密度分布最大，为 0.170。有效根长密度是用单位体积内的有效根长来表示；相对有效根长密度则是通过把算得的各个处理中，不同土层的最大有效根长密度看作 1，其他土层的有效根长密度与该层最大的有效根长密度之比来表示。由表 6.3 中有效根长密度及相对有效根长密度的情况可见，根系主要分布在 20～60cm，其中 W0、W3、W4 有效及相对有效根长密度，在 20～40cm 和 40～60cm 分别为 0.123、0.721；0.247、1.000；0.186、1.000 以及 0.170、1.000；0.130、0.527；0.129、0.698。图 6.9 是垂直方向上不同处理的相对土层深度

及相对有效根长密度的散点图，对各个处理进行线性拟合分析，表明不同处理在不同土层深度的根长密度大体符合指数分布。

表 6.3　　　　　　　　　　垂直方向根长密度分布（2021 年）

| 土层深度/cm | 相对土层深度 | 有效根长密度/(cm/cm$^3$) | | | 相对有效根长密度 | | |
|---|---|---|---|---|---|---|---|
| | | W0 | W3 | W4 | W0 | W3 | W4 |
| 0～20 | 0.2 | 0.051 | 0.088 | 0.079 | 0.205 | 0.516 | 0.427 |
| 20～40 | 0.3 | 0.123 | 0.247 | 0.186 | 0.721 | 1.000 | 1.000 |
| 40～60 | 0.5 | 0.170 | 0.130 | 0.129 | 1.000 | 0.527 | 0.698 |
| 60～80 | 0.7 | 0.075 | 0.040 | 0.071 | 0.440 | 0.160 | 0.384 |
| 80～100 | 0.8 | 0.052 | 0.005 | 0.041 | 0.309 | 0.021 | 0.219 |
| 100～120 | 1.0 | 0.066 | 0.022 | 0.039 | 0.390 | 0.090 | 0.212 |

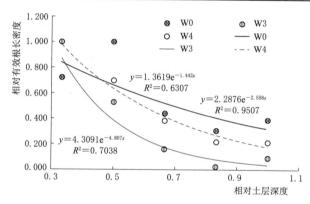

图 6.9　相对垂直距离相对有效根长密度分布（2021 年）

表 6.4 是距树干水平方向上的有效根长密度及相对有效根长密度的分布情况，可以看出水平方向上根系密度最大在 30～60cm 处，这主要与滴灌带的铺设位置及根系的向水性有关，根系密度主要集中在水平距树 30～90cm，W0、W3、W4 有效及相对有效根长密度，在 30～60cm 和 60～90cm 分别为 0.104、1.000；0.123、1.000；0.113、1.000 以 及 0.093、0.890；0.112、0.914；0.106、0.934。图 6.10 是对距树相对水平距离与相对有效根长密度的散点图，其根长密度符合多项式分布。

表 6.4　　　　　　　　　　水平方向根长密度分布（2021 年）

| 距树干水平距离/cm | 相对水平距离 | 有效根长密度/(cm/cm$^3$) | | | 相对有效根长密度 | | |
|---|---|---|---|---|---|---|---|
| | | W0 | W3 | W4 | W0 | W3 | W4 |
| 0～30 | 0.2 | 0.061 | 0.086 | 0.082 | 0.584 | 0.704 | 0.719 |
| 30～60 | 0.4 | 0.104 | 0.123 | 0.113 | 1.000 | 1.000 | 1.000 |

续表

| 距树干水平距离/cm | 相对水平距离 | 有效根长密度/(cm/cm³) | | | 相对有效根长密度 | | |
|---|---|---|---|---|---|---|---|
| | | W0 | W3 | W4 | W0 | W3 | W4 |
| 60～90 | 0.6 | 0.093 | 0.112 | 0.106 | 0.890 | 0.914 | 0.934 |
| 90～120 | 0.8 | 0.091 | 0.083 | 0.089 | 0.875 | 0.677 | 0.782 |
| 120～150 | 1 | 0.083 | 0.050 | 0.069 | 0.792 | 0.408 | 0.607 |

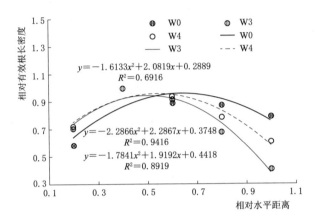

图 6.10　相对水平距离相对有效根长密度分布（2021 年）

## 6.3.2　核桃树根重密度一维分布特征与分布函数的建立

由表 6.5 可知 2019 年 W1 和 W5 处理的根重密度在水平方向上呈递减的变化趋势。距树水平距离 0～120cm 范围内的根重密度分布较为集中，分别占总根重密度的 92.08% 和 86.36%，其中 0～30cm 范围内所占的比例较大，分别为 27.08% 和 25.70%。

表 6.5　　　　核桃根重密度水平分布数据（2019 年）

| 水平距离/cm | W1 | | W5 | |
|---|---|---|---|---|
| | 根重密度/(mg/cm³) | 相对比例/% | 根重密度/(mg/cm³) | 相对比例/% |
| 0～30 | 1.754 | 27.08 | 1.130 | 25.70 |
| 30～60 | 1.610 | 24.85 | 1.063 | 24.19 |
| 60～90 | 1.367 | 21.11 | 0.923 | 21.00 |
| 90～120 | 1.233 | 19.04 | 0.680 | 15.47 |
| 120～150 | 0.513 | 7.92 | 0.599 | 13.64 |

根重密度分布函数拟合如下：

W1 处理：$H(x) = -1.8631x^2 + 0.8057x + 1.6319, R^2 = 0.9619$ (6.7)

W5 处理：$H(x) = -0.2341x^2 - 0.4413x + 1.247, R^2 = 0.9685$ (6.8)

式中：$H(x)$ 为根重密度，$mg/cm^3$；$x$ 为水平距离，$cm$。

表 6.6 为 W1 和 W5 处理的根重密度在垂直方向的分布。W1 处理根重密度分布最多的在 20～80cm 处，占根重密度的 75.57%。峰值出现在 20～40cm 处，占根重密度的 30.19%。W5 处理根重密度在土层深度 0～120cm 处的变化趋势是先增后减，分布最多的在 0～60cm 范围内，占总根重密度的 84.18%，其中 20～40cm 所占的比例最大，为 38.56%。

**表 6.6**         **核桃根重密度垂向分布数据（2019 年）**

| 土层深度<br>/cm | W1 | | W5 | |
|---|---|---|---|---|
| | 根重密度<br>/($mg/cm^3$) | 相对比例<br>/% | 根重密度<br>/($mg/cm^3$) | 相对比例<br>/% |
| 0～20 | 0.476 | 7.95 | 1.124 | 25.58 |
| 20～40 | 1.893 | 30.19 | 1.695 | 38.56 |
| 40～60 | 1.579 | 25.18 | 0.881 | 20.04 |
| 60～80 | 1.267 | 20.20 | 0.371 | 8.44 |
| 80～100 | 0.750 | 11.96 | 0.229 | 5.21 |
| 100～120 | 0.306 | 4.88 | 0.096 | 2.17 |

根重密度分布函数拟合如下：

W1 处理：$H(z) = -6.505z^2 + 6.8019z - 0.1819, R^2 = 0.7558$ (6.9)

W5 处理：$H(z) = -0.5354z^2 + 1.0987z + 1.5992, R^2 = 0.7674$ (6.10)

式中：$H(z)$ 为根重密度，$mg/cm^3$；$z$ 为土层深度，$cm$。

## 6.4   核桃树根系密度二维分布特征与分布函数的建立

2019 年试验的 W1 处理核桃二维有效根长密度见表 6.7。

**表 6.7**       **W1 处理核桃二维有效根长密度（2019 年）**       单位：$cm/cm^3$

| 深度/cm | 径 距/cm | | | | |
|---|---|---|---|---|---|
| | 0～30 | 30～60 | 60～90 | 90～120 | 120～150 |
| 0～20 | 0.159 | 0.185 | 0.129 | 0.197 | 0.072 |
| 20～40 | 0.117 | 0.242 | 0.198 | 0.194 | 0.200 |
| 40～60 | 0.284 | 0.288 | 0.185 | 0.140 | 0.195 |

续表

| 深度/cm | 径　距/cm | | | | |
|---|---|---|---|---|---|
| | 0～30 | 30～60 | 60～90 | 90～120 | 120～150 |
| 60～80 | 0.267 | 0.246 | 0.179 | 0.170 | 0.119 |
| 80～100 | 0.267 | 0.221 | 0.198 | 0.205 | 0.163 |
| 100～120 | 0.200 | 0.192 | 0.154 | 0.156 | 0.157 |

二维有效根长密度采用柱状图进行绘制，图 6.11 所示为 W1 处理核桃有效根长密度空间分布。

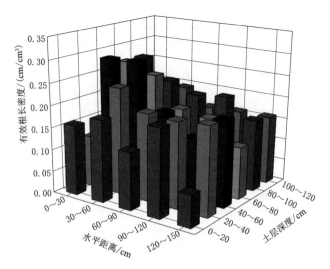

图 6.11　W1 处理核桃有效根长密度空间分布（2019 年）

核桃的二维有效根长密度函数为

$$R(x,z) = -0.001x^2 - 0.0004x - 0.008z^2 + 0.069z - 0.002xz + 0.115, R^2 = 0.6048$$
(6.11)

式中：$R(x, z)$ 为有效根长密度，cm/cm³；$x$ 为水平距离，cm；$z$ 为土层深度，cm。

W5 处理核桃二维有效根长密度见表 6.8。

表 6.8　　　　　　　W5 处理核桃二维有效根长密度（2019 年）　　　单位：cm/cm³

| 深度/cm | 径　距/cm | | | | |
|---|---|---|---|---|---|
| | 0～30 | 30～60 | 60～90 | 90～120 | 120～150 |
| 0～20 | 0.152 | 0.180 | 0.158 | 0.198 | 0.168 |
| 20～40 | 0.194 | 0.251 | 0.257 | 0.192 | 0.206 |

| 深度/cm | 径　距/cm | | | | |
| --- | --- | --- | --- | --- | --- |
| | 0～30 | 30～60 | 60～90 | 90～120 | 120～150 |
| 40～60 | 0.094 | 0.086 | 0.108 | 0.122 | 0.075 |
| 60～80 | 0.048 | 0.052 | 0.038 | 0.058 | 0.061 |
| 80～100 | 0.046 | 0.031 | 0.015 | 0.016 | 0.013 |
| 100～120 | 0.008 | 0.017 | 0.011 | 0.011 | 0.008 |

二维有效根长密度采用柱状图进行绘制，图 6.12 所示为 W5 处理核桃有效根长密度空间分布。

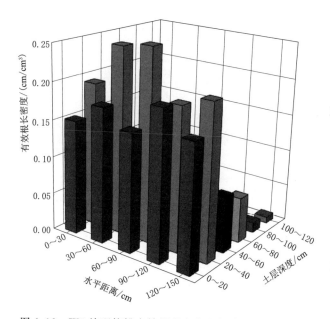

图 6.12　W5 处理核桃有效根长密度空间分布（2019 年）

核桃的二维有效根长密度函数为

$$R(x,z)=-0.003x^2+0.02x+0.001z^2-0.0471z-0.001xz+0.222, R^2=0.76$$
$$(6.12)$$

式中：$R(x,z)$ 为有效根长密度，cm/cm³；$x$ 为水平距离，cm；$z$ 为土层深度，cm。

表 6.9、表 6.10 为 2021 年行、株向随土层深度变化的有效根长密度分布表，可以看出不同调亏处理间，无论是行向随土层深度的有效根长变化情况，还是株向随土层深度的有效根长变化情况，W0 处理表现出土层深度在 40～60cm，W3、W4 处理表现出土层深度在 20～40cm 时有效根长密度值最大，其

行、株向各个处理平均值分别为 10192cm、14813cm、11136cm；10192cm、14813cm、11136cm。由表 6.9 可见 W0、W3、W4 各处理在距离核桃树行向 30～60cm 处，各个处理土层深度分别在 40～60cm、20～40cm 时有效根长密度值最大，为 11794cm、22753cm、14119cm。如图 6.13 中不同处理下有效根长二维簇状图所示，行向的有效根长密度大体呈现出单峰曲面的变化趋势，且随着距离核桃树行向由近至远，表现出先增后减的变化趋势，随土层深度的增加，表现出先增后减的变化趋势，之所以表层 0～20cm 的土体中有效根长密度低于 20～40cm，可能是因为春耕破坏了 0～20cm 表层土壤中根系的生长，从而导致表层土壤的根系生长低于 20～40cm 的有效根系量，也可以明显地看出根系大体主要分布在距树行间 0～120cm，不同土层深度下根系主要分布在 20～60cm 处。

表 6.9　不同调亏处理行向随土层深度变化的有效根长密度分布（2021 年）

| 行向距离/cm | | 土层深度/cm | | | | | |
|---|---|---|---|---|---|---|---|
| | | 0～20 | 20～40 | 40～60 | 60～80 | 80～100 | 100～120 |
| W0 | 0～30 | 4632 | 8774 | 11615 | 5197 | 3450 | 4640 |
| | 30～60 | 5672 | 8921 | 11794 | 5840 | 3704 | 5538 |
| | 60～90 | 3171 | 7854 | 11001 | 4144 | 2901 | 4128 |
| | 90～120 | 1342 | 6739 | 8696 | 3990 | 2830 | 3700 |
| | 120～150 | 343 | 4468 | 7853 | 3259 | 2858 | 1873 |
| | 平均值 | 3032 | 7351 | 10192 | 4486 | 3148 | 3976 |
| W3 | 0～30 | 7361 | 17318 | 9571 | 3067 | 292 | 1419 |
| | 30～60 | 10161 | 22753 | 9585 | 3582 | 851 | 1913 |
| | 60～90 | 6798 | 14687 | 8266 | 2935 | 246 | 1357 |
| | 90～120 | 1861 | 9961 | 7539 | 1439 | 148 | 1312 |
| | 120～150 | 116 | 9348 | 4051 | 863 | 45 | 697 |
| | 平均值 | 5259 | 14813 | 7802 | 2377 | 316 | 1340 |
| W4 | 0～30 | 5321 | 12889 | 10927 | 3840 | 2810 | 2554 |
| | 30～60 | 5691 | 14119 | 11010 | 8519 | 3452 | 3243 |
| | 60～90 | 4927 | 10634 | 5824 | 3301 | 2633 | 2413 |
| | 90～120 | 4457 | 10536 | 5573 | 2999 | 1655 | 2413 |
| | 120～150 | 3390 | 7500 | 5508 | 2716 | 1621 | 1176 |
| | 平均值 | 4757 | 11136 | 7768 | 4275 | 2434 | 2360 |

由表 6.10 可以看出随着距树株向距离的增大，W0、W3、W4 各处理间表现出来的变化趋势大致相同，大体都呈现出由大变小的趋势，且在株向距离 0～20cm，土层深度 40～60cm、20～40cm 处有效根长密度达到最大值，为 11195cm、16881cm、16217cm。如图 6.13 所示，随着距离滴灌核桃树的株向由近到远，表现出 0～20cm 根长密度值最大，20～100cm 处的有效根长密度值逐渐减小的趋势，且不同株向距离的土层深度也和不同行向的土层深度变化趋势大致相同，也表现出先增后减的变化规律。通过距树不同行、株向距离与土层深度的有效根长密度图 6.13 可知，土层深度在 20～40cm 与 40～60cm 处的有效根长密度，明显高于其他各层土体中的有效根系密度。总体表明不同调亏灌溉 W0、W3、W4 处理下的滴灌核桃树有效根长密度，均主要分布在行向 0～120cm，株向 0～60cm，土层深度 20～60cm。

表 6.10　　不同调亏处理株向随土层深度变化的有效根长密度分布（2021 年）

| 株向距离/cm | | 土层深度/cm | | | | | |
|---|---|---|---|---|---|---|---|
| | | 0～20 | 20～40 | 40～60 | 60～80 | 80～100 | 100～120 |
| W0 | 0～20 | 3767 | 10255 | 11195 | 5156 | 4330 | 4396 |
| | 20～40 | 3845 | 7712 | 10708 | 4552 | 3343 | 4491 |
| | 40～60 | 3020 | 6951 | 10672 | 4545 | 3131 | 3810 |
| | 60～80 | 2596 | 6118 | 9465 | 4500 | 2920 | 3728 |
| | 80～100 | 1933 | 5719 | 8920 | 3677 | 2017 | 3453 |
| | 平均值 | 3032 | 7351 | 10192 | 4486 | 3148 | 3976 |
| W3 | 0～20 | 6111 | 16881 | 10160 | 2853 | 919 | 2295 |
| | 20～40 | 5476 | 16202 | 9129 | 2563 | 442 | 1467 |
| | 40～60 | 5478 | 16076 | 8696 | 2304 | 102 | 1111 |
| | 60～80 | 4656 | 13045 | 5992 | 2203 | 63 | 942 |
| | 80～100 | 4576 | 11862 | 5034 | 1963 | 56 | 883 |
| | 平均值 | 5259 | 14813 | 7802 | 2377 | 316 | 1340 |
| W4 | 0～20 | 6517 | 16217 | 10298 | 7109 | 4489 | 2754 |
| | 20～40 | 6019 | 14160 | 8586 | 5998 | 2123 | 2739 |
| | 40～60 | 4363 | 10978 | 7503 | 3579 | 2226 | 2519 |
| | 60～80 | 3861 | 8211 | 6472 | 2663 | 1987 | 2011 |
| | 80～100 | 3025 | 6112 | 5982 | 2027 | 1346 | 1777 |
| | 平均值 | 4757 | 11136 | 7768 | 4275 | 2434 | 2360 |

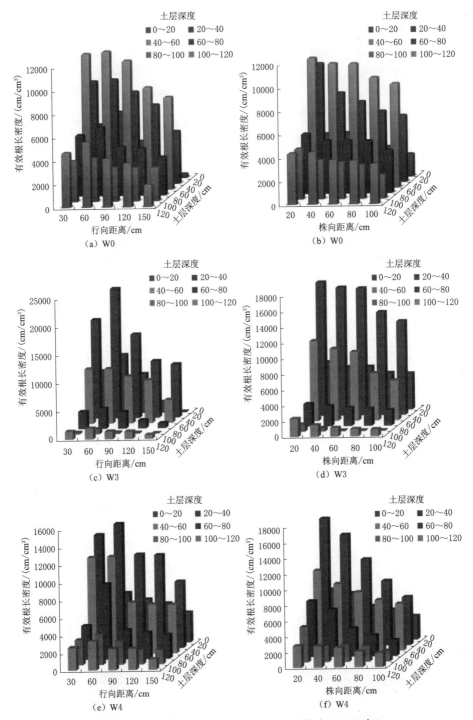

图 6.13 不同调亏处理下根长密度二维分布（2021 年）

# 6.5　Hydrus‐2D 模型构建

## 6.5.1　Hydrus‐2D 模型

Hydrus 模型是由美国盐土实验室提出来的，该模型是用来模拟饱和‐非饱和介质中土壤水、热及溶质的运移。模型可以求解无根系或有根系条件下的 Richards 方程，基于 Galerkin 型有限元法将计算空间离散为最优的三角形有限元网格，对每一单元假定一个合适的近似解，对于任意非均质土壤能够通过单元划分使其成为均质单元来分析并得到整个计算域的稳定解。其中 Hydrus‐2D 模型可以用来模拟的边界类型有大气、变通量、零通量及自由排水边界等。水流边界可能由多种不同的几何形状组成，包括圆形、直线和弧形等曲线，并且要考虑非均质土壤中各向异性的特性以及不规则水流边界的处理。Hydrus‐2D 模型含有互动的图形界面，可随意设定时间及空间的离散、数据的前处理模块，以及对模拟结果的水平和垂直的二维图形展示。

## 6.5.2　土壤水分动力方程

二维土壤水分运动方程如下：

$$S(x,z,t)=\frac{\partial}{\partial x}\left[D(\theta)\frac{\partial \theta}{\partial x}\right]+\frac{\partial}{\partial z}\left[D(\theta)\frac{\partial \theta}{\partial z}\right]-\frac{\partial K(\theta)}{\partial z}-\frac{\partial \theta}{\partial t} \tag{6.13}$$

式中：$x$ 为水平向坐标，cm；$z$ 为垂向坐标，cm；$t$ 为时间，h；$\theta$ 为土壤体积含水率，%；$D(\theta)$ 为土壤水分运动扩散率，$cm^3/h$；$K(\theta)$ 为非饱和土壤导水率，cm/h；$S$ 为根系吸水汇源项，1/h。

土壤水分动力学参数采用 VG 模型表示为

$$\theta(h)=\begin{cases}\theta_r+\dfrac{\theta_s-\theta_r}{[1+|\alpha h|^n]^m} & (h<0)\\ \theta_s & (h\geqslant 0)\end{cases} \tag{6.14}$$

$$K(h)=K_s S_e^l\left[1-(1-S_e^{l/m})^m\right]^2 \tag{6.15}$$

式中：$\theta(h)$ 为土壤水持力，$cm^3/cm^3$；$\theta_r$ 为土壤残余含水率，$cm^3/cm^3$；$\theta_s$ 为饱和含水率，$cm^3/cm^3$；$K_s$ 为土壤饱和导水率，cm/d；$l$ 为孔隙连通性参数，一般取均值 0.5；$\alpha$、$n$ 和 $m$ 分别为经验参数，其中 $m=1-1/n$，$n>1$；$S_e$ 有效饱和度。

## 6.5.3　根系吸水模型

水流控制方程中的汇源项 $S$ 表示植物根系在单位时间内从单位土体中吸收

的水量，采用 Feddes 提出的根系吸水模型[251]：

$$S(h)=\alpha(h)S_p \tag{6.16}$$

$$S_p=b(x,z)S_t T_p \tag{6.17}$$

式中：$\alpha(h)$ 为土壤水势的指定响应函数（$0 \leqslant \alpha \leqslant 1$）；$S_p$ 为潜在吸水速率，$1/h$；$b(x,z)$ 为标准化二维根长密度分布函数；$S_t$ 为与蒸腾过程相关的土壤表面宽度，cm；$T_p$ 为潜在蒸腾速率，cm/h。

在 Hydrus 模型中，根系的二维分布函数可表述为

$$b(x,z)=\left(1-\frac{z}{Z_m}\right)\left(1-\frac{x}{X_m}\right)e^{-\left(\frac{p_z}{X_m}|z^*-z|+\frac{p_r}{X_m}|x^*-x|\right)} \tag{6.18}$$

式中：$X_m$、$Z_m$ 分别为 $X$ 方向与 $Z$ 方向最大根系长度，cm；$x$、$z$ 为 $X$ 方向、$Z$ 方向距树距离，cm；$p_z$、$p_r$、$z^*$、$x^*$ 为经验参数。

### 6.5.4  试验地土壤物理参数

根据试验中获得的土壤质地及相关参数，使用 Hydrus 软件自带的 ROSETTA 模块通过人工神经网络预测得出各个土壤参数。依据土壤质地分成 3 层，获得土壤物理参数，见表 6.11。

表 6.11  核桃根区各土层土壤水力特征参数

| 土层 /cm | 水力特征参数 | | | | | |
|---|---|---|---|---|---|---|
| | $\theta_r$/(cm³/cm³) | $\theta_s$/(cm³/cm³) | $\alpha$ | $n$ | $K_s$/(cm/d) | $l$ |
| 0~40 | 0.0462 | 0.4459 | 0.0044 | 1.7220 | 51.43 | 0.5 |
| 40~60 | 0.0408 | 0.4204 | 0.0055 | 1.6493 | 58.50 | 0.5 |
| 60~120 | 0.0386 | 0.3892 | 0.0155 | 1.4739 | 58.44 | 0.5 |

### 6.5.5  边界条件和初始条件

图 6.14 为模拟区边界图，模型的模拟区域是水平长度 150cm，土层深度 120cm 的剖面，上边界为大气边界，包含日降水量、棵间蒸发、植株蒸腾和灌水量；由于周期性灌水，灌水时滴头为变通量边界。无灌水时，滴头周边为零通量边界。模拟计算区域的下边界，由于地下埋深大于 6m，假定为自由排水边界。在两侧的垂直边界上默认通量为 0，设置为零通量边界。其中上边界中

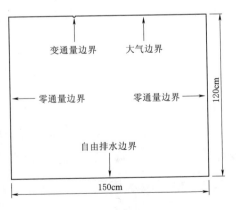

图 6.14  2D 模拟区的边界

的滴头周边流量通量密度 $Q$ 的表达式为[126]

$$Q = \frac{q_L}{S_L} \tag{6.19}$$

式中：$Q$ 为上边界中的滴头周边流量通量密度，cm/h；$q_L$ 为滴头流量，cm³/h；$S_L$ 为单位长度滴灌管表面积，cm²。

采用 Penman - Monteith 公式计算参考作物蒸发蒸腾量 $ET_0$，见式（6.20）；利用单作物系数方法计算作物潜在腾发量 $ET_c$，见式（6.20）；将 $ET_c$ 分为作物潜在蒸腾 $T_p$ 和土壤潜在蒸发 $E_p$，即式（6.22）：

$$ET_0 = \frac{0.408\Delta(R_n - G) + \gamma \dfrac{900}{T+273} U_2(e_s - e_a)}{\Delta + \gamma(1 + 0.34U_2)} \tag{6.20}$$

式中：$ET_0$ 为参考作物蒸发蒸腾量，mm/d；$R_n$ 为净辐射量，MJ/(m²·d)；$G$ 为土壤热通量，MJ/(m²·d)；$T$ 为平均气温，℃；$U_2$ 为 2m 高处的平均风速，m/s；$e_s$ 为饱和水汽压，kPa；$e_a$ 为实际水汽压，kPa；$\gamma$ 为干湿表常数，kPa/℃；$\Delta$ 为饱和水汽压与温度曲线的斜率，kPa/℃。

利用单作物系数方法计算作物潜在腾发量，公式如下：

$$ET_c = k_c ET_0 \tag{6.21}$$

式中：$ET_c$ 为作物潜在腾发量，mm/d；$k_c$ 为作物系数。

$$ET_c = T_p + E_p = ET_c(1 - e^{-0.6LAI}) + ET_c e^{-0.6LAI} \tag{6.22}$$

式中：$LAI$ 为叶面积指数，如图 6.15 所示。

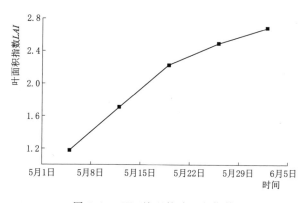

图 6.15　W1 处理的叶面积指数

模拟的剖面中分别在滴头下方 20cm、40cm、60cm、80cm、100cm 和 120cm 处设置观测点。试验中所测得的各层土壤体积含水率的实测值为初始条件，分别为 $0.2218\text{cm}^3/\text{cm}^3$、$0.2227\text{cm}^3/\text{cm}^3$、$0.1954\text{cm}^3/\text{cm}^3$、$0.1551\text{cm}^3/\text{cm}^3$、$0.1354\text{cm}^3/\text{cm}^3$ 和 $0.1160\text{cm}^3/\text{cm}^3$。

### 6.5.6 模型精度验证

选取均方根误差（root mean square error，RMSE）和相对平均绝对误差（root mean absolute error，RMAE）两个评价指标对滴灌条件下 Hydrus-2D 模拟核桃根系土壤水分运移进行评估。

$$RMSE = \sqrt{\frac{\sum_{i=1}^{N}(S_i - M_i)^2}{N}} \tag{6.23}$$

$$RMAE = \frac{\frac{1}{N}\sum_{i=1}^{N}|S_i - M_i|}{\frac{1}{N}\sum_{i=1}^{N}M_i} \times 100\% \tag{6.24}$$

式中：$N$ 为实测点、模拟点对应个数；$S_i$ 为第 $i$ 个观测点的模拟值，$\text{cm}^3/\text{cm}^3$；$M_i$ 为第 $i$ 个观测点的实测值，$\text{cm}^3/\text{cm}^3$。

$RMSE$ 用来衡量模拟值与实测值之间的偏差，$RMSE$ 值越小，证明模拟值与实测值越接近。$RMAE$ 值在 $0\sim1$ 之间，表示实测值与模拟值之间的吻合从"最优"到"最差"。

## 6.6 滴灌核桃根系吸水模拟结果与分析

2019 年模拟 W1 处理从 5 月 6 日到 6 月 1 日体积含水率的变化情况，共 26d，灌水 4 次。选取土层为 20cm、40cm、60cm 和 120cm，图 6.16 所示为 W1 处理土壤体积含水率实测值与 Hydrus-2D 模拟值。20cm 处的精度为 $RMSE=0.019\text{cm}^3/\text{cm}^3$，$RMAE=5.29\%$；40cm 处的精度为 $RMSE=0.026\text{cm}^3/\text{cm}^3$，$RMAE=7.35\%$；60cm 处的精度为 $RMSE=0.017\text{cm}^3/\text{cm}^3$，$RMAE=5.56\%$；120cm 处的精度为 $RMSE=0.010\text{cm}^3/\text{cm}^3$，$RMAE=4.77\%$。模拟值与实测值的精度均较高，Hydrus-2D 模型模拟结果较好，模型可以反映实际情况。核桃树 20～60cm 处土壤体积含水率不同，土层模拟值的大体趋势一致，120cm 处的土壤体积含水率波动最小，接近一条直线。距土壤表面越近土壤体积含水率波动越大，可见表层土壤容易受大气环境的影响，随着土层深度的增加，土壤体积含水率越趋于稳定。

2021 年对 W0 处理从 5 月 18 日开始进行灌水模拟，模拟连续 4 次灌水周期，根据 Hydrus-2D 根区土壤体积含水率的模拟值与实测值结果进行拟合，分

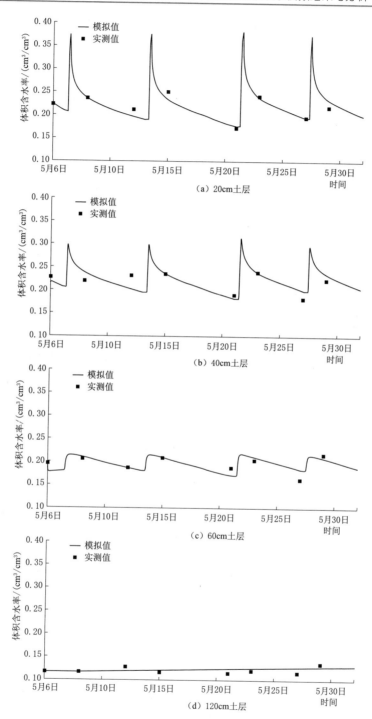

图 6.16　W1 处理土壤含水率模拟值与实测值（2019 年）

别模拟滴灌带下 20cm、40cm、60cm、80cm、100cm、120cm 的土壤剖面根系吸水模拟图，如图 6.17 所示，20cm 处见图 6.17（a），模拟值与实测值的 $R^2$ 为 0.9125、$RMSE$ 为 0.0025、$ME$ 均值误差（mean bias error，ME）为 0.0013；40cm 处见图 6.17（b），模拟值与实测值的 $R^2$ 为 0.9139、$RMSE$ 为 0.0033、$ME$ 为 0.0025；60cm 处见图 6.17（c），模拟值与实测值的 $R^2$ 为 0.8651、$RMSE$ 为 0.0045、$ME$ 为 0.0020；80cm 处见图 6.17（d），模拟值与实测值的 $R^2$ 为 0.8637、$RMSE$ 为 0.0026、$ME$ 为 0.0005；100cm 处见图 6.17（e），模拟值与实测值的 $R^2$ 为 0.9912、$RMSE$ 为 0.0034、$ME$ 为 0.0015；120cm 处见图 6.17（f），模拟值与实测值的 $R^2$ 为 0.9941、$RMSE$ 为 0.0031、$ME$ 为

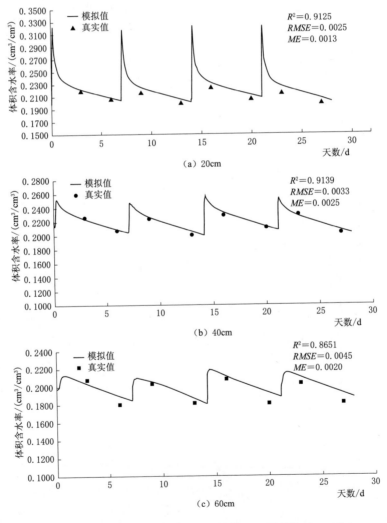

图 6.17（一） W0 处理土壤含水率模拟值与实测值（2021 年）

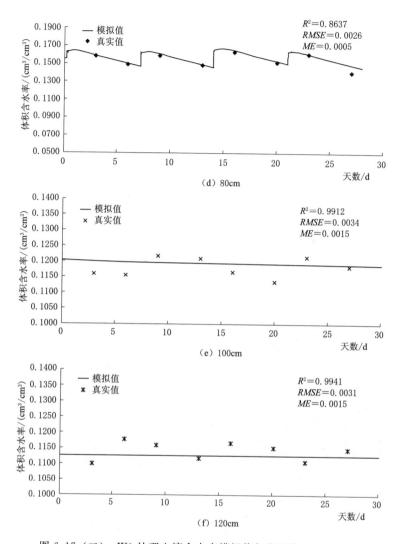

图 6.17（二）　W0 处理土壤含水率模拟值与实测值（2021 年）

0.0015；核桃树 20～60cm 处土壤体积含水率不同土层模拟值的大体趋势一致，120cm 处的土壤体积含水率波动最小，接近一条直线。距土壤表面越近土壤体积含水率波动越大，可见表层土壤容易受大气环境的影响，随着土层深度的增加，土壤体积含水率受大气影响越小，就越趋于稳定。

从图 6.17 中可以看出，不同土层深度的体积含水率模拟值与实测值拟合效果较好，模型评定指标 $R^2$，$RMSE$ 与 $ME$ 数值相对合理，说明模拟的土壤含水率变动在可控范围内，Hydrus - 2D 模型可以应用于试验地实际数据模拟。

## 6.7　滴灌核桃根区土壤剖面含水率的变化

　　基于 Hydrus-2D 软件模拟运行的可行性，2019 年对 W1 灌水处理进行模拟，模拟灌水前，灌水期间，灌水结束后 24h、48h 土壤含水率分布情况。W1 处理在 6 月 8 日进行灌水，灌水一共 7h。观测的时间点分别为 0h、1h、4h、7h、24h 和 48h。图 6.18 所示为各时间点土壤水分运动的剖面图，从图中可以看出灌水前的土壤含水率在 0.124～0.211cm³/cm³ 之间。灌水开始后，随着灌水时间的增加，距树 50cm 处的滴头开始渗水，土壤含水率不断增大。灌水 1h 后，水分迅速向水平和垂直方向入渗，水平方向入渗范围是 25～75cm，垂直深度达到 25cm 左右。灌水时间从 1h 到 4h 后，土体湿润范围逐渐增大，水平入渗的速度大于垂直入渗速度，水平湿润是 70cm，垂直湿润为 40cm。7h 后灌水停止，此刻的水平湿润范围达到 115cm，垂直湿润为 60cm。灌水 24h 后，还可以看到水平湿润的宽度为 150cm。土壤含水率最大的土层在水平 0～30cm，土层深度 30～40cm 处，土壤含水率的变化范围为 0.299～0.329cm³/cm³，大于周边土层的含水率；灌水 48h 后，

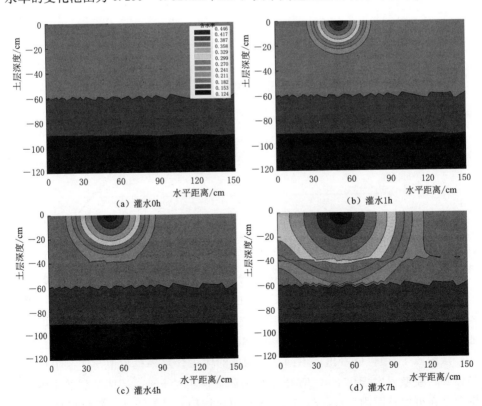

图 6.18（一）　W1 处理灌水后土壤剖面入渗情况（2019 年）

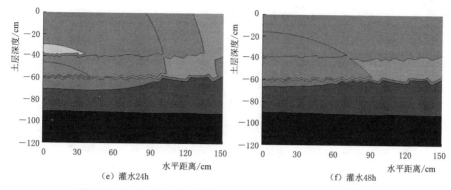

（e）灌水24h　　　　　　　（f）灌水48h

图 6.18（二）　W1 处理灌水后土壤剖面入渗情况（2019 年）

水平 0～70cm，土层深度 18～38cm 范围内，土壤含水率为 0.270～0.299cm³/cm³，同样大于周边土层的含水率，且土壤表层的含水率趋于平稳状态。这是因为灌溉结束后，由于重力的作用，水分不断向下及周围扩散，土层深的土壤含水率增加。随着蒸发时间的增加，土层浅层的土壤含水率也随之降低。

基于 Hydrus-2D 软件模拟运行的可行性，2021 年针对 W0 处理进行一次灌水模拟，模拟灌水起始时间为 6 月 15 日，观测的时间点分别为 0.5h、5h、10h、24h、72h 及 168h。模拟的根系土壤水分运动的剖面如图 6.19 所示，表明在一次灌水周期内，随着滴灌灌水的开始，在距离核桃树行向 50cm 滴头处开始滴水，灌水过程中土壤体积含水率呈现出点源扩散式增长变化趋势，可见在灌水 0.5h 时，湿润范围浸润半径平均为 11.68cm，水平方向水分扩散范围为 38.53～60.46cm，垂直入渗深度为 12.86cm，此时由灌水开始前土壤含水率范围 0.160～0.188cm³/cm³ 变化为 0.215～0.410cm³/cm³；灌水在 0.5h 变化至 5h 时，可以看出水分扩散速度逐渐增大，并且水平方向水分扩散要比垂直方向水分入渗广，水平湿润 59.23cm，垂直湿润 47.51cm，此刻湿润范围浸润半径平均为 38.76cm，水平方向水分扩散范围为 19.88～79.11cm；当灌水结束直至灌后 10h，可以看出土体湿润范围继续变大，水平方向水分扩散范围大体为 5.33～94.45cm，垂直方向水分运移至 62.58cm，此刻水平范围 43.06～56.86cm，土层深度在 31.38～44.96cm 范围内，土壤中体积含水率达到最大值为 0.299～0.327cm³/cm³；灌后 24h 时，水分运移深度达到 76.52cm，在土层深度 36cm 处，水分水平扩散范围最大为 0～101.67cm；灌后 72h 时，水分运移深度达到 93.96cm，在水平范围 39.79～58.83cm，土层深度 54.30～68.31cm 处，土壤含水率最大为 0.215～0.243cm³/cm³；灌后 168h 时，水分运移深度达到 113.53cm，且在灌水后 10h 开始地表含水率受到太阳辐射、温度等自然因素影响，含水率开始减小，在灌后 10～168h 时地表含水率从距离滴灌带滴头处，由远及近含水率逐渐较小，直至达到含水率 0.132～0.160cm³/cm³。

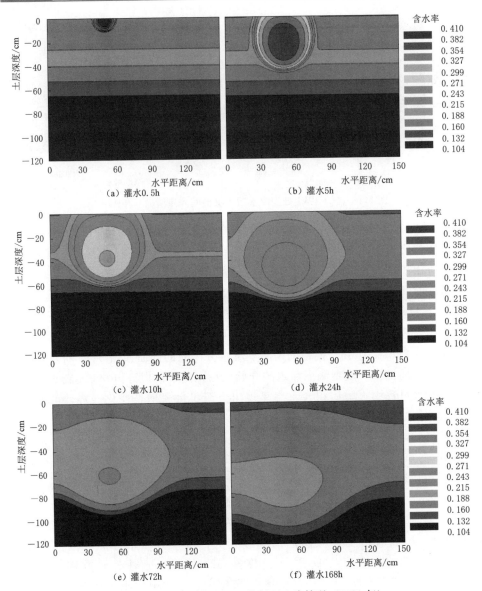

图 6.19 W0 处理灌水后土壤剖面入渗情况（2021 年）

# 6.8 小 结

2019 年试验研究发现 W1 和 W5 处理的总根长分布不相同。W1 处理中，水平方向上在 30～60cm 处的总根长最大，为 26324.30cm；在垂直方向上 40～60cm 处最大，总根长为 20671.80cm。W5 处理中，水平方向的总根长在 30～

60cm 处最大，总根长为 12325.78cm；垂直方向上 0～60cm 处的根系占总根系的 83.14％，其中在 20～40cm 处最大，总根长为 21950.03cm。

W1 和 W5 处理的根重分布也不相同，W1 处理的根重在水平方向的分布随水平距离的增加而减小，主要根重分布在 0～90cm 处，占总根重的 73.04％。最大值出现在 0～30cm 处，占总根重的 27.08％。根重在垂直方向上的分布随土层深度的增加呈单峰曲线，主要根重分布在 20～80cm 处，占总根重的 75.57％。峰值出现在 20～40cm 处，占总根重的 30.19％。W5 处理的根重在水平方向的分布特征为：主要根重分布在 0～90cm 处，占总根重的 70.90％。峰值出现在 0～30cm 处，占总根重的 25.70％。根重在垂直方向上的分布呈单峰曲线，0～60cm 处最大，占总根重的 84.18％。

W1 和 W5 处理在水平分布的有效根长密度在距树水平距离 0～120cm 处的分布较为集中，分别占总有效根长密度的 84.05％和 84.23％。在垂直方向上，W1 处理在 20～100cm 处的有效根长密度分布最多，占总有效根长密度的 71.79％。W5 处理在土层深度 0～120cm 处有效根长密度的变化趋势是先增后减，在 0～60cm 范围内占总有效根长密度的 84.31％。W1 和 W5 处理在距树水平距离 0～30cm 范围的根重密度分布最大。W1 处理垂直方向上的根重密度主要分布在 20～80cm 范围内。W5 处理在 0～60cm 范围内根重密度分布最广。

通过模拟，Hydrus - 2D 模型模拟根系吸水结果较好。20cm 处的精度为 $RMSE = 0.019\text{cm}^3/\text{cm}^3$，$RMAE = 5.29\%$；40cm 处的 $RMSE = 0.026\text{cm}^3/\text{cm}^3$，$RMAE = 7.35\%$；60cm 处的 $RMSE = 0.017\text{cm}^3/\text{cm}^3$，$RMAE = 5.56\%$；120cm 处的 $RMSE = 0.010\text{cm}^3/\text{cm}^3$，$RMAE = 4.77\%$。因此利用 Hydrus - 2D 模型模拟根系吸水和土壤水分运移是可靠的。随着土层深度的增加，土壤体积含水率波动越小，土层 120cm 的土壤体积含水率趋于稳定。通过 Hydrus - 2D 模型模拟 W1 处理中一次完整的灌水过程，随着灌水时间的增加，土壤湿润的范围不断扩大，灌水结束后，水平湿润范围达到 115cm，垂直湿润为 60cm。灌水 48h 后，大的含水率的重心向下移动。

2021 年试验发现在不同调亏滴灌条件下，核桃树根系水平方向根长主要分布在 30～60cm 处，且出现峰值，这主要由于根系向水性及滴灌带铺设在距离核桃树行间 50cm 处。在水平方向上不同调亏处理 W0、W3、W4 总根长的分布主要集中在 0～120cm 处，分别占总含量的 80.87％、88.97％、84.99％，垂直方向有效根长主要分布在 0～80cm 范围内，分别占总量的 77.87％，94.81％及 85.35％；核桃树根系的根长分布密集区应作为果树根部管理的重点对象。在建立有效根长密度函数时，对水平距离、土层深度和有效根长密度均取其相对值，从而避免单位对函数的影响。核桃树有效吸水根系根长密度函数在水平方向遵从多项式函数分布、垂直方向遵从指数函数分布。

采用分层分段挖掘法，对核桃树吸水根系进行研究，表明滴灌干旱区核桃树有效吸水根系主要分布在水平 0～120cm、垂直 0～90cm 范围内，分别占各方向根系总含量的 90.65% 和 79.19%[252]；核桃树有效吸水根系根长密度函数在水平、垂直方向分别遵从多项式函数分布及 e 指数函数分布，其相关系数分别为 0.932 及 0.839，根系分布特性相似；杨胜利、张瑞芳、陈高安等[253-255]等对其他果树根系分布研究表明，果树根系在地面灌条件下总根长水平分布是随距树干的距离增加而逐渐递减的规律，这与本试验得出结论有所不同，可能是由于采用的灌溉模式不同。

2021 年试验通过对不同调亏滴灌核桃树根系空间分布进行研究，表明浅、中层土壤中根系长度表现为 W3＞W4＞W0，这是因为调亏量大相比调亏量少处理而言水分入渗范围更加有限，再加上根系为了满足自身的营养生长，作物自身保护机制使得这种现象产生。Wang et al.[256]研究表明，调亏灌溉是通过控制土壤水分影响作物根系生长，从而达到间接控制作物蒸腾作用的目的。根长密度反映着植物根系吸收水分和养分的潜力，一般根长密度越大，在养分吸收方面就越具有优势，具有更强的活力和抵抗不良环境的能力；另外，根长密度越大，越有利于减小土壤容重，增加土壤孔隙度，改良土壤结构，提高土壤抗剪强度，丰富土壤有机碳和全氮含量[257]。

焦萍等[258-259]为探究南疆滴灌灌溉模式下，多年生核桃根系空间分布和根区土壤水分运移变化规律，采用 Hydrus - 2D 模型进行地表滴灌土壤水分数值模拟探究，表明评价指标 $RMSE$、$R^2$ 验证精度相对较高，进一步说明模型用于模拟土壤水分运移较合理。

本试验通过 Hydrus - 2D 对核桃根区根系吸水进行模拟，表明靠近土壤表面体积含水率波动较大，在土层深度由 20cm 至 80cm，土壤含水率呈现波动逐渐变缓趋势，直至 100～120cm 含水率接近于一条直线，并且模拟值与实测值拟合较好。通过 Hydrus - 2D 模拟核桃根区一次灌水周期内，不同时刻土壤水分的运移。表明灌水周期前期土壤含水率入渗较快，灌水周期后期入渗较慢，并对大田试验不同调亏处理土壤体积含水率进行观测，得出 W0 对照组灌前、灌后土壤湿润范围比调亏处理灌前、灌后湿润范围广。姚鹏亮等[260]研究滴灌灌溉模式下，干旱地区枣树根区土壤水分运移变化规律，利用 Hydrus - 2D 模型对滴灌枣树根区土壤水分动态变化进行模拟，并用 $RMSE$ 和 $RMAE$ 进行模型评价，表明模拟结果较好，进一步说明该模型可以用于准确反映干旱地区滴灌条件下枣树土壤水分的分布特征，从而为确定优化的灌溉制度提供理论依据。张纪圆[261]、李丹[262]利用 Hydrus - 2D 模型模拟滴灌条件下核桃根区根系吸水，表明实测值与模拟值拟合度较好，并利用该模型模拟土壤水分运移，进一步探究了灌水周期内土壤水分的运移变化过程。丁运韬等[263]研究膜下滴灌玉米土壤水分的动态变化规律，利用 Hydrus – 2D 模拟农田土壤水分运移与根系吸水，表明率定后该模型对 0～120cm 土壤含水率模拟结果进行评价，其均方根误差（$RMSE$）为 $0.039\sim0.042cm^3 \cdot cm^{-3}$ 和决定系数（$R^2$）为 $0.78\sim0.73$，模拟结果可靠。膜下滴灌条件下农田土层深度 100cm 和 120cm 处土壤含水率相对较高且处理之间的差异不大，说明在不同滴灌灌水条件下，对土层深度 100cm 以下的土壤含水率影响较小，这与本试验研究对照组根系吸水，得到的深层土壤含水率变化规律一致。

调亏滴灌对核桃树有效总根长的研究，表明随着土层深度的增加，各个处理的总根长量的大体变化趋势表现为单峰曲线，对照组在 40～60cm 且其他处理在 20～40cm 有效根长最大，其中有效根长主要分布在 0～80cm 范围内；在水平方向上不同调亏处理（W0、W3、W4）总根长的分布主要集中在 0～120cm 处。

调亏滴灌对核桃树一维有效根长密度分布特性的研究，表明不同调亏灌溉下对照组与其他处理垂直方向上的有效根长密度在 40～60cm 与 20～40cm 分布最大，表明不同处理在垂直方向上的根长密度符合指数分布，水平方向各个处理根系密度最大在 30～60cm 处，不同调亏处理在水平方向上的根长密度符合多项式分布。调亏滴灌对核桃树二维有效根长密度分布特性的研究，通过不同调亏处理之间，行、株方向随土层深度的有效根长密度的变化情况得知，各处理均表现出土层深度在 40～60cm 与 20～40cm，距离核桃树行向 30～60cm 处，株向距离 0～20cm 处有效根长密度达到最大值。各个处理的行向距离，随土层深度的变化二维有效根长密度大体呈现出单峰曲线的变化趋势，距树不同行、株向与土层深度的有效根长密度主要分布在行向 0～120cm、株向 0～60cm、土层深度 20～60cm。在果实膨大期各处理的总根重密度水平分布呈现先增后减的单峰变化趋势。在果实膨大、成熟期进行连续中度调亏处理，对根长、根重密度采集及数据分析，结果表明成熟期高于果实膨大期各个土层根长、重密度，呈现出单峰变化趋势。

通过模拟不同调亏处理灌水前后土壤水分变化情况可知，在开花坐果期进行轻度调亏处理土壤含水率灌前、灌后的交点主要分布在 80～100cm，其他调亏处理土壤含水率处于 60～80cm 土层范围内。通过用 Hydrus – 2D 模型对实测土壤体积含水率进行模拟，可见模型评定指标 $R^2$，$RMSE$ 与 $ME$ 数值较为合理，土壤体积含水率模拟值与实测值拟合好，Hydrus 模型可以应用于试验地实际数据模拟。

由不同调亏处理下水流水平扩散与垂直入渗变化规律可见，对照组水流水平扩散与垂直入渗较广，且结合根系主要水平、垂向分布范围可知，对照组水分运移可以满足核桃树根系吸水，但会有水分未充分被吸水根吸收，造成水资源浪费现象。现代农业的进步离不开灌溉技术的创新与发展，本试验通过对对照组进行根系吸水研究发现，Hydrus 模型可以用于大田试验对试验数据进行模拟，并利用该模型进行核桃根区土壤水分运移研究，与实测含水率对照进一步验证了模型的可靠性，也证实了对照组根区土壤湿润范围会超过根系主要分布区域，造成水分的浪费，降低了水分利用效率，进一步为最佳根系吸水分布区域奠定了理论基础。

# 第7章 结论与建议

前文针对南疆阿克苏地区常年干旱少雨、水资源短缺、生态环境脆弱和生产技术落后等实际情况，以南疆阿克苏地区特色林果——核桃树为研究对象，在核桃树的不同生育期设置了不同亏水程度的调亏处理，以不同灌水处理的土壤水分动态变化规律为基础，针对调亏灌溉对核桃树的需水耗水规律、生理生态指标、光合特性、产量、根系特性进行了系统的分析，并制定了南疆地区滴灌方式下核桃树的调亏灌溉制度，最终得到了南疆地区滴灌方式下核桃树最优灌溉制度，为南疆地区特殊林果业发展节水、稳产、高效、优质的可持续型林果种植业提供理论依据。主要研究成果如下。

## 7.1 主要研究成果与结论

### 7.1.1 主要研究成果

1. 2018 年试验研究成果

（1）在开花坐果期进行轻度和中度调亏灌溉，发现地表以下 0～40cm 土壤含水率变化幅度最大，其次是 40～80cm，变化最为缓慢的是 80～120cm。原因是开花坐果期是核桃树生长初期，枝叶生长较为缓慢，土壤水分变化的主导因素是土壤蒸发。在果实膨大期进行轻度和中度调亏灌溉，土壤含水率主要在 0～60cm 土层深度之间变化，80～120cm 变化缓慢。核桃树的根系主要分布在地表以下 40～60cm 的深度，果实膨大期核桃树枝叶繁茂，遮阴率变大，促使地表蒸发减少，植物蒸腾加剧，故在该时期 20～60cm 土壤含水率变化显著。在相同生育期下，随着水分调亏的加剧，土壤含水率明显减小且灌水周期内差幅也相应减小。

（2）由各观测生育期内叶片光合特性指标总体变化趋势可以看出：开花坐果期和果实膨大期各指标均呈现单峰曲线，峰值出现在 14：00；而硬核期则呈现双峰曲线，峰值分别出现在 12：00 和 16：00。对比不同水分梯度下核桃树叶片光合特性指标，结果表明在开花坐果期和果实膨大期进行调亏，叶片光合速率、蒸腾速率及气孔导度均会出现不同程度的下降，下降幅度与水分亏缺强度有关。分别对比生育期调亏灌溉后光合特性指标，发现在轻度调亏模式下，开花坐果期光合特性指标下降 4.27％～6.97％，而果实膨大期则下降 4.94％～9.57％。进行复水后，开花坐果期下降幅度变为 2.11％～2.72％，果实膨大期下降幅度变为 3.28％～5.96％。对比各处理复水后叶片光合特性恢复速率，轻度亏缺叶片恢复较好，光合特性指标与对照处理 W0 差幅较小，所有处理差幅基本在 5.96％以下。而中度亏缺由于受水分限制的影响较大，各别处理差幅甚至达到了 10.57％，分析认为中度调亏对叶片光合系统的发育影响较大，即使经过复水处理后，作物本身的"自我修复"体系也难以完全修复。

（3）在充分灌溉条件下，核桃树新梢长度和叶面积指数最大，随着生育期的变换，新梢生长速率逐渐变缓慢直至不再生长；叶面积指数的数值在成熟期前先增大，之后逐渐减小。核桃树在开花坐果期进行调亏灌溉，调亏的程度越大，新梢累计生长量和叶面积指数越小，生长速率也越低。在果实膨大期核桃树新梢生长较弱，调亏对其影响不显著，但叶面积指数仍受到显著影响。当开花坐果期和果实膨大期均进行水分亏缺后，核桃树新梢生长量和叶面积指数均受到二次抑制，比起一个生育期调亏，更加能影响新梢和叶片的生长。

（4）在核桃数不同生育期进行调亏试验，结果表明各处理核桃树叶片叶绿素含量指数总体上随着生育期的推移均出现先增大后减小的单峰曲线形式变化。不同生育期内进行调亏均会导致叶绿素含量下降，但经过复水处理后，轻度调亏处理的核桃树叶片的 SPAD 值会与对照组的基本接近。但中度调亏处理的核桃树叶片的 SPAD 值还是会比对照组的小。

（5）对核桃树不同生育期进行调亏灌溉，当果实膨大期进行调亏，果型总体上呈现调亏灌溉程度越大，果实体积越小的变化趋势。在果实产量构成因素中，极易出现落果、空果现象，致使产量相对减少，经济效益受损。故在果实膨大期调亏灌溉对果型参数和果实产量起到了负面影响。但在开花坐果期进行轻度调亏灌溉会抑制果树新梢旺长，减少养分竞争，保证果树生殖器官的发育，使得果实体积增大、数量增多、产量提高，对果型参数和果实产量起到了正面影响。因此本研究认为在开花坐果期进行轻度调亏是适用于南疆阿克苏地区核桃的调亏灌溉模式，有利于作物产量的提升，而在其他生育期进行调亏灌溉，或加重开花坐果期调亏程度，会造成经济效益的降低。

（6）对光合特性指标、气象因素、植物生理指标及土壤水分关系分别进行相关性分析，结果表明光合特性指标与太阳辐射呈现极显著相关（$R = 0.773 \sim 0.823$）；而与相对湿度、温度相关性较弱。太阳辐射是影响光合特性的主要气象因素。随着水分亏缺强度的增加，太阳辐射与光合特性指标的相关性逐渐降低，且相关性减弱幅度与调亏强度有关。蒸腾速率和气孔导度与叶面积指数、枝条生长量、叶片 SPAD 值呈现极显著相关（$R = 0.491 \sim 0.790$），在不同处理条件下，蒸腾速率与日均耗水量相关性最为稳定，均呈现极显著相关，气孔导度次之，与光合速率相关性最弱。采用线性趋势线对日均耗水量与蒸腾速率进行模拟，其拟合函数为 $y=2.125x-0.947$，$R^2=0.9108$。

2. 2019 年试验研究成果

(1) 萌芽期调亏并复水后，$SPAD$ 值表现为 W3＞W0＞W4。开花坐果期亏水和萌芽期＋开花坐果期连续亏水，复水后，各处理的 $SPAD$ 始终大于充分灌溉。开花坐果期调亏增加得最明显，W1 和 W2 处理的均值分别比 W0 处理增加 5.00％和 4.24％。核桃果实体积的生长变化规律为先快速增大，后缓慢增大最后趋于稳定 3 个阶段，各调亏处理的果实均大于 W0 处理的果实体积，其中 W1 处理的果实体积最大，比 W0 处理增加了 24.21％。

(2) 核桃树开花坐果期、萌芽期＋开花坐果期轻度调亏处理后，光合速率、蒸腾速率、气孔导度和胞间 $CO_2$ 浓度的日变化曲线各有不同。各调亏处理与对照组相比，W5 处理的日均光合速率增加 12.32％，其他各处理的光合特性均降低。复水后，萌芽期调亏的蒸腾速率、气孔导度和胞间 $CO_2$ 浓度始终小于对照组；其他各处理均有补偿，W5 处理的日均光合速率、日均蒸腾速率和日均气孔导度补偿最大，分别增加 31.21％、17.42％和 44.23％，W1 处理的日均胞间 $CO_2$ 浓度增加了 2.06％，补偿最明显。

(3) 调亏处理的土壤温度随亏水程度的增加而升高，在 20：00 土壤温度最大，W1 和 W2 处理分别为 16.98℃和 17.48℃。随着土层深度的增加土壤温度波动幅度逐渐减小，土壤温度变化幅度较大的是距地表 5cm 和 10cm 的土层。随着生育期推进，各层土壤温度逐渐升高，油脂转化期达到峰值，成熟期土壤温度迅速降低。

(4) 调亏灌溉的生育期内，随着调亏程度的加重，日耗水强度、阶段耗水量和耗水模数显著降低。W3 和 W4 处理的日耗水强度和总耗水量分别比对照组降低了 21.50％、32.35％和 2.12％、2.62％；W1 和 W2 处理的日耗水强度和总耗水量降低了 21.65％、30.52％和 2.74％、4.06％；W5 处理的日耗水强度和总耗水量降低了 21.88％和 23.03％。

(5) 单棵挂果数量最大的是 W5 处理，有 343 个；其次是 W1 处理，有 321 个，较 W0 处理分别显著增加了 118.47％和 104.46％。各处理调亏后，单果质量和仁重均有降低，其中 W5 处理的单果质量和仁重比 W0 处理显著降低了 9.95％和 9.71％；其他较 W0 处理不存在显著差异。调亏灌溉下核桃树的产量、水分利用效率和灌溉水利用效率均高于对照组，分别为 5003～6751kg/hm²、0.69～0.92kg/m³、0.61～0.81kg/m³，调亏处理中与之对应最大的处理是 W1 处理，产量、水分利用效率和灌溉水利用效率分别为 6751kg/hm²、0.92kg/m³ 和 0.81kg/m³。

(6) W1 和 W5 处理的总根长分布不相同。在水平方向上，W1 和 W5 处理的总根长主要分布在 0~120cm 处，占总根长的 84.61% 和 84.41%。在垂直方向上，W1 处理的总根长主要分布在 20~100cm 处，占总根长的 85.24%，W5 处理的总根长在 20~40cm 处最大。在水平方向上，W1 和 W5 处理的根重主要分布在 0~90cm 处，占根重的 73.04% 和 70.90%。在垂直方向上，W1 处理的主要根重分布在 20~80cm 处，占根重的 75.57%，W5 处理的根重在 0~60cm 处最大，占根重的 84.18%。

（7）通过 Hydrus‐2D 模型模拟根系吸水结果较好，因此利用 Hydrus‐2D 模型模拟根系吸水和土壤水分运移是可靠的。模拟一次完整的灌水，灌水结束后，水平湿润范围达到 115cm，垂直湿润为 60cm。

3. 2021 年试验研究成果

（1）调亏程度越大对新梢生长抑制作用越明显，就会减少剪枝量，使吸收的水分更多补给生殖生长。表明非需水关键期调亏程度越大，对果实纵、横径生长起到促进作用；在需水关键期表现出调亏程度越大，对果实纵、横径增长起到抑制作用。总的来说在开花坐果期轻度调亏可以提高核桃单果重、仁重、产量，得出开花坐果期轻度调亏处理产量最大为 4693kg/hm²，而在作物需水关键期进行调亏则会降低产量。

（2）光合各指标生育期变化观测得出开花坐果期大体变化为对照组各光合指标最大，开花坐果期后期大体变化为开花坐果期轻度调亏处理各光合指标最大。光合各指标日变化观测得出对照组各光合指标最大，胞间 $CO_2$ 浓度、水分利用效率日变化观测得出：开花坐果期轻度调亏处理胞间 $CO_2$ 浓度、水分利用效率最大，进行灰色关联数学分析得出开花坐果期轻度调亏处理评分最高为 0.92，连续进行中度调亏处理评分最低为 0.47。

（3）调亏滴灌对核桃树有效总根长的研究，表明随着土层深度的增加，各个处理总根长大体变化趋势表现为单峰曲线，对照组在 40~60cm 且连续中度调亏及连续轻度调亏处理在 20~40cm 有效总根长最大，其中有效根长主要分布在 0~80cm 范围内；在水平方向上不同调亏处理总根长的分布主要集中在 0~120cm 处。

（4）调亏滴灌对核桃树一维有效根长密度分布特性的研究表明，不同调亏灌溉下对照组与连续中度调亏及连续轻度调亏处理，不同处理垂直方向上的有效根长密度在 40~60cm 与 20~40cm 分布最大，水平方向各个处理根长密度在 30~60cm 处分布最大。二维有效根长密度分布特性的研究表明，不同调亏处理行、株方向随土层深度的有效根长密度的变化情况，各处理均表现出土层深度在 40~60cm 与 20~40cm，行向距树 30~60cm 处，株向距树 0~20cm 处有效根长密度达到最大值。各个处理的行向距离，随土层深度的变化二维有效根长密度大体呈现出单峰曲面的变化趋势，距树不同行、株向与土层深度的有效根长密度主要分布在行向 0～120cm、株向 0～60cm、土层深度 20～60cm。

(5) 调亏滴灌对核桃树一维有效根长密度分布特性的研究，发现不同处理在垂直方向上的根长密度符合指数分布，不同调亏处理在水平方向上的根长密度符合多项式分布。

(6) 果实膨大期各处理总根重密度水平分布变化均呈现先增后减的单峰变化趋势，通过连续中度调亏处理在果实膨大、成熟期进行不同土层深度根长、根重密度研究表明，在成熟期该处理高于果实膨大期各个土层根长、根重密度，呈现出单峰变化趋势。

(7) 运用 Hydrus - 2D 模型进行土壤剖面核桃调亏滴灌含水率的模拟及数值验证，表明该模型模拟效果较好，可以对实测含水率进行模拟。并对对照组进行土壤入渗研究，表明对照组湿润范围可以满足根系吸水要求，但水分分布较广，使多余水分未被植物所利用造成水分流失。

## 7.1.2 结论

总的来说，调亏灌溉后叶面积指数有所减小，在复水后，开花坐果期轻度亏水恢复并高于正常灌水，其他处理均没有明显变化。两个生育期连续亏水使新梢长和叶面积指数均有降低。调亏灌溉对新梢的影响程度并不明显，而对叶面积指数的影响却很明显；连续调亏更加能影响新梢和叶片的生长。核桃果实体积的生长变化曲线为先快速增大，后缓慢增大最后趋于稳定 3 个阶段，各调亏处理的果实均大于对照组果实体积，其中开花坐果期轻度调亏处理的果实体积最大。在开花坐果期进行调亏灌溉，复水后无论轻度调亏还是中度调亏最终都会提高果实的纵、横径，从而提高果实的体积。

分析 2018 年数据发现，开花坐果期和果实膨大期进行调亏，叶片光合速率、蒸腾速率及气孔导度均会出现不同程度的下降，下降幅度与水分亏缺强度有关。分别对比生育期调亏灌溉后光合特性指标，发现在轻度调亏模式下，开花坐果期光合特性指标下降 4.27％～6.97％，而果实膨大期则下降 4.94％～9.57％。进行复水后，开花坐果期下降幅度变为 2.11％～2.72％，果实膨大期下降幅度变为 3.28％～5.96％。2019 年数据分析认为，开花坐果期与萌芽期轻、中度调亏的光合特性均降低；复水后，萌芽期调亏的蒸腾速率、气孔导度和胞间 $CO_2$ 浓度始终小于对照组；其他各调亏处理的光合特性在复水后均有补偿提高。总而言之，水分亏缺对气孔导度和蒸腾速率影响较大，对光合速率影响较小。中度调亏对叶片光合系统的发育影响较大，即使经过复水处理后，作物本身的"自我修复"体系也难以完全补偿修复。随着生育期推进，各层土壤温度逐渐升高，到油脂转化期达到峰值，成熟期土壤温度迅速降低。随着土层深度的增加土壤温度波动幅度逐渐减小，土壤温度变化幅度较大的土层是距地

表 5～10cm。调亏处理的土壤温度随亏水程度的增加而升高，在 20：00 土壤温度最大。调亏处理的土壤温度远远高于对照组，亏水后土壤温度随着亏水程度的加重而升高。

2018 年各调亏处理在亏水的生育期内土壤中水分的消耗速率都小于对照处理，随着生育期的变化，各处理的土壤水分消耗速率逐渐变大。在开花坐果期进行轻度和中度调亏灌溉，发现地表以下 0～40cm 土壤含水率变化幅度最大，变化最为缓慢的是 80～120cm。在果实膨大期进行轻度和中度调亏灌溉，土壤含水率主要在 0～60cm 土层深度之间变化，80～120cm 变化缓慢。同一生育期，水分调亏程度越大，土壤含水率越小并且变化幅度也相应减小。当两个生育期都进行连续调亏灌溉时，前期的调亏对后期调亏有影响，会影响土壤水分的变化。核桃树的阶段耗水量总体趋势是先增大后减小，进行水分亏缺的生育期的阶段耗水量、耗水量强度及耗水模数随着亏水程度的增加，降低幅度越大，与对照组相比差异显著。

2018 年调亏灌溉下核桃的产量为 3274.51～4150.70kg/hm$^2$，2019 年调亏灌溉下核桃的产量为 3400～6751kg/hm$^2$。两年数据均发现在开花坐果期轻度调亏核桃产量最高，最高达 6751kg/hm$^2$，水分利用效率为 0.92kg/m$^3$，灌溉水利用效率为 0.81kg/m$^3$。总之，单生育期调亏时，调亏程度越大对应的产量、水分利用效率和灌溉水利用效率越小。开花坐果期轻度调亏处理和萌芽期＋开花坐果期轻度调亏处理的总根长和根重分布不相同。在水平方向上，两处理的总根长和根重在 30～60cm 处最大。在垂直方向上，开花坐果期轻度调亏处理的总根长在 40～60cm 处最大，根重在 20～40cm 处最大；萌芽期＋开花坐果期轻度调亏处理的总根长和根重在 20～40cm 处最大。两处理在距树水平距离 30～60cm 范围内的有效根长密度分布最大，根重密度最大的在 0～30cm 处。在垂直方向上，开花坐果期轻度调亏处理的有效根长密度在 40～60cm 处分布最多。萌芽期＋开花坐果期轻度调亏处理在 20～40cm 处的有效根长密度分布最大。

对 2019 年试验进行核桃根系吸水模拟发现，通过 Hydrus-2D 模型模拟根系吸水结果较好，因此利用 Hydrus-2D 模型模拟根系吸水和土壤水分运移是可靠的。模拟一次完整的灌水，灌水结束后，水平湿润范围达到 115cm，垂直湿润为 60cm。

## 7.2　建　议

（1）3 年试验用的核桃树树龄为 11～14a，树龄较优，为了保证产量，在试验中未施加重度亏水设计，试验方案较为单一，如果进一步试验，可以选择盆栽核桃树进行试验；并且还可以在萌芽期和开花坐果期连续施加重度亏水，不同生育期交叉分别施加轻度和中度亏水，这样试验内容及结果将会更加深刻。

（2）本书分析了调亏灌溉对核桃叶片生理和光合特性、耗水特征及产量的影响，在大田研究过程中，果树受到树龄、管理和气象条件等的影响较大，对于不同的环境下，结果或略有不同，对于控制外界因素的相关室内试验可被进一步研究，将会对核桃的灌溉、管理等有更详略的指导；此外核桃的品种有众多，后续的试验还可以开展不同品种核桃之间的研究。

# 参 考 文 献

[1] 胡亮. "三条红线"扎紧我国水资源口袋 [EB/OL]. [2012-03-21].

[2] 袁其水. 农业高效节水现状及发展趋势 [J]. 农业与技术, 2019, 39 (19): 58-59.

[3] 冯保清. 我国不同尺度灌溉用水效率评价与管理研究 [D]. 北京: 中国水利水电科学研究院水文学及水资源所, 2013.

[4] 叶云雪. 我国农业用水及节水农业发展现状 [J]. 现代农业, 2015 (12): 75.

[5] 吴泳辰, 韩国君, 陈年来. 调亏灌溉对加工番茄产量、品质及水分利用效率的影响 [J]. 灌溉排水学报, 2016, 35 (7): 104-107.

[6] 李晶, 王俊杰, 陈金木. 新疆水权改革经验与启示 [J]. 中国水利, 2017 (13): 17-19.

[7] 吴春辉. 新疆农业节水灌溉现状分析 [J]. 吉林水利, 2019 (3): 39-41.

[8] 张益锋, 何平, 李桂强, 等. 不同施水处理对金荞麦形态和生物量分配的影响 [J]. 中草药, 2009, 40 (9): 1456-1459.

[9] 李万明. 新疆水资源可持续利用对策分析 [J]. 新疆农垦经济, 2015 (4): 59-64.

[10] 宋丹丹, 郭辉. 新疆水资源承载力综合评价研究 [J]. 新疆师范大学学报 (自然科学版), 2014, 33 (4): 18.

[11] GIRONA J, MARSAL J, MATA M, et al. Phenological sensitivity of berry growth and composition of Tempranillo grapevines (Vitis vinifera L.) to water stress [J]. Australian Journal of Grape & Wine Research, 2009, 15 (3): 268-277.

[12] 武阳, 王伟, 雷廷武, 等. 调亏灌溉对滴灌成龄香梨果树生长及果实产量的影响 [J]. 农业工程学报, 2012, 28 (11): 118-124.

[13] 张恒嘉, 李晶. 绿洲膜下滴灌调亏马铃薯光合生理特性与水分利用 [J]. 农业机械学报, 2013, 44 (10): 143-151.

[14] 马福生, 康绍忠, 王密侠, 等. 调亏灌溉对温室梨枣树水分利用效率与枣品质的影响 [J]. 农业工程学报, 2006, (1): 37-43.

[15] 栗欣如, 姜文来, 关鑫, 等. 我国水利绿色发展研究进展 [J]. 中国农业资源与区划, 2020, 41 (11): 49-55.

[16] 李茜, 刘松涛. 果树调亏灌溉技术研究动态及其应用 [J]. 节水灌溉, 2016 (10): 113-116.

[17] 王国安, 张强, 黄闽敏, 等. 新疆核桃产业现状与分析 [C]//中国园艺学会: 第八届全国干果生产、科研进展学术研讨会论文集. 2013.

[18] 李忠新, 杨莉玲, 阿布力孜·巴斯提, 等. 新疆核桃产业化发展研究 [J]. 新疆农业科学, 2014, 51 (5): 973-980.

[19] JONES H G. Stomatal control of photosynthesis and transpiration [J]. Journal of Experimental Botany, 1998, 49 (90001): 387-398.

[20] 陈晓远. 土壤水变动与冬小麦根、冠生长及其相互关系研究 [D]. 北京: 中国农业科学院, 2001.

［21］ DAVIES W J，ZHANG J. Root Signals and the Regulation of Growth and Development of Plants in Drying Soil ［J］. Annual review of plant physiology and plant molecular biology，1991，42（1）：55 - 76.

［22］ 康绍忠，杜太生，孙景生，等. 基于生命需水信息的作物高效节水调控理论与技术 ［J］. 水利学报，2007（6）：661 - 667.

［23］ 杨洪强，接玉玲，李林光. 脱落酸信号转导研究进展 ［J］. 植物学通报，2001（4）：427 - 435.

［24］ 盛承发. 生长的冗余：作物对于虫害超越补偿作用的一种解释 ［J］. 应用生态学报，1990（1）：26 - 30.

［25］ WALKER B. Conserving Biological Diversity through Ecosystem Resilience ［J］. Conservation Biology，2010，9（4）：747 - 752.

［26］ REYNOLDS M P，ACEVEDO E，SAYRE K D，et al. Yield potential in modern wheat varieties. Its association with a less competitive ideotype ［J］. Field Crops Research，1994，37（3）：149 - 160.

［27］ LI S，ASSMANN S M，ALBERT R. Predicting essential components of signal transduction networks：a dynamic model of guard cell abscisic acid signaling ［J］. Plos Biology，2006，4（10）：e312.

［28］ 韩明春，吴建军，王芬. 冗余理论及其在农业生态系统管理中的应用 ［J］. 应用生态学报，2005（2）：375 - 378.

［29］ 康丽娟，巴特尔·巴克，薛亚荣，等. 基于水分亏缺指数的北疆甜菜不同生育阶段干旱状况时空分布特征 ［J］. 生态学杂志，2018，37（12）：3625 - 3632.

［30］ 郝树荣，郭相平，张展羽. 作物干旱胁迫及复水的补偿效应研究进展 ［J］. 水利水电科技进展，2009，29（1）：81 - 84.

［31］ 彭琳. 旱地农业生理生态基础系列专题之二：旱地土壤培肥原理与实践 ［J］. 山西农业科学，1990（5）：30 - 33.

［32］ WENKERT W，LEMON E R，SINCLAIR T R. Leaf Elongation and Turgor Pressure in Field - grown Soybean1 ［J］. Agronomy Journal，1978，70（5）：761 - 764.

［33］ 雷廷武，曾德超，王小伟，等. 调控亏水度灌溉对成龄桃树生长和产量的影响 ［J］. 农业工程学报，1991（4）：63 - 69.

［34］ 康绍忠，蔡焕杰，张富仓，等. 节水农业中作物水分管理基本理论问题的探讨 ［J］. 水利学报，1996（5）：9 - 17，36.

［35］ 赛热奴·尼扎木东. 推进南疆特色林果业发展的路径思考 ［J］. 南方农业，2019，13（12）：129 - 130，141.

［36］ 孙宏勇，张喜英，邵立威. 调亏灌溉在果树上应用的研究进展 ［J］. 中国生态农业学报，2009，17（6）：1288 - 1291.

［37］ 马福生，康绍忠，王密侠. 果树调亏灌溉技术的研究现状与展望 ［J］. 干旱地区农业研究，2005（4）：225 - 228.

［38］ 夏桂敏，张柏纶，胡家齐，等. 不同生育期连续调亏灌溉对花生生长及耗水过程的影响 ［J］. 沈阳农业大学学报，2018，49（2）：180 - 187.

［39］ 虎胆·吐马尔白，焦萍，米力夏提·米那多拉. 新疆干旱区成龄核桃滴灌制度优化 ［J］. 农业工程学报，2020，36（15）：134 - 141.

[40] 于欣廷，崔宁博，麻泽龙. 调亏灌溉应用研究进展 [J]. 四川水利，2020，41 (1)：3 - 15.

[41] 孟兆江，贾大林，刘安能，等. 调亏灌溉对冬小麦生理机制及水分利用效率的影响 [J]. 农业工程学报，2003 (4)：66 - 69.

[42] 黄德良. 陕北丘陵沟壑区涌泉根灌苹果树调亏灌溉制度与灌水器布置方式研究 [D]. 西安：西安理工大学，2019.

[43] 张正红. 调亏灌溉对设施葡萄生长及光合指标影响研究 [D]. 兰州：甘肃农业大学，2013.

[44] 黄学春. 调亏灌溉对酿酒葡萄光合作用及果实生长发育的影响研究 [D]. 银川：宁夏大学，2014.

[45] 海兴岩. 水分亏缺对滴灌棉花生长及水氮利用的影响研究 [D]. 石河子：石河子大学，2018.

[46] 刘朝霞. 土壤干旱胁迫对番茄根系生长、气孔特性及保护酶活性的影响 [D]. 南京：南京信息工程大学，2016.

[47] 王世杰. 绿洲膜下滴灌调亏辣椒生长动态及水分产量效应研究 [D]. 兰州：甘肃农业大学，2017.

[48] 钟娟，钟俊荣. 水分胁迫对金桔光合特性的影响 [J]. 北方园艺，2015 (6)：26 - 29.

[49] 龚一丹，王卫华，管能翰，等. 灌溉对番茄生长发育、产量和品质影响的研究进展 [J]. 中国瓜菜，2020，33 (7)：7 - 13.

[50] 郭海涛，邹志荣，杨兴娟，等. 调亏灌溉对番茄生理指标、产量品质及水分生产效率的影响 [J]. 干旱地区农业研究，2007 (3)：133 - 137.

[51] 孟兆江，卞新民，刘安能，等. 调亏灌溉对棉花生长发育及其产量和品质的影响 [J]. 棉花学报，2008 (1)：39 - 44.

[52] 艾鹏睿，马英杰. 调亏灌溉对干旱区枣树生理特性和果实产量的影响 [J]. 灌溉排水学报，2018，37 (9)：9 - 15.

[53] 薛道信，张恒嘉，巴玉春，等. 调亏灌溉对荒漠绿洲膜下滴灌马铃薯生长、产量及水分利用的影响 [J]. 干旱地区农业研究，2018，36 (4)：109 - 116.

[54] 丁端锋. 调亏灌溉对作物生长和产量影响机制的试验研究 [D]. 杨凌：西北农林科技大学，2006.

[55] ACEVEDO E, HSIAO T C, HENDERSON D W. Immediate and subsequent growth responses of maize leaves to changes in water status [J]. Plant Physiology, 1971, 48 (5)：631 - 636.

[56] 王密侠，康绍忠，蔡焕杰，等. 玉米调亏灌溉节水调控机理研究 [J]. 西北农林科技大学学报（自然科学版），2004 (12)：87 - 90.

[57] 孟兆江，段爱旺，王景雷，等. 调亏灌溉对冬小麦根冠生长影响的试验研究 [J]. 灌溉排水学报，2012，31 (4)：37 - 41.

[58] 周罕觅，张硕，杜新武，等. 滴灌条件下水肥耦合对苹果幼树生长与生理特性的影响 [J]. 农业机械学报，2021，52 (10)：337 - 348.

[59] 张纪圆，赵经华，庞毅，等. 调亏灌溉对滴灌核桃树耗水规律及产量的影响 [J]. 西北农业学报，2021 (11)：1 - 11.

[60] 赵经华，张纪圆，李莎，强薇. 调亏灌溉对滴灌核桃树生长及果实产量的影响 [J]. 中国农村水利水电，2021 (7)：166 - 171.

[61] 刘钧庆，赵经华，杨文新，等. 调亏灌溉对滴灌核桃树生长发育及产量的影响 [J]. 节水灌溉，2022 (10)：72-78，85.

[62] 王东博，王书吉，韩玉薪. 不同调亏灌溉模式对冬小麦生长、生理及产量的影响 [J]. 节水灌溉，2021 (8)：8-12.

[63] 武阳，王伟，赵智，等. 调亏灌溉对香梨叶片光合速率及水分利用效率的影响 [J]. 农业机械学报，2012，43 (11)：80-86.

[64] 冯泽洋，李国龙，李智，等. 调亏灌溉对滴灌甜菜生长和产量的影响 [J]. 灌溉排水学报，2017，36 (11)：7-12.

[65] ACEVEDO-OPAZO C, ORTEGA-FARIAS S, FUENTES S. Effects of grapevine (Vitis vinifera L.) water status on water consumption, vegetative growth and grape quality: An irrigation scheduling application to achieve regulated deficit irrigation [J]. Agricultural Water Management, 2010, 97 (7): 956-964.

[66] 吴晓茜，夏桂敏，李永发，等. 调亏灌溉对黑花生生长、光合特性及水分利用效率的影响 [J]. 沈阳农业大学学报，2018，49 (1)：57-64.

[67] 吴晓茜. 沈阳地区花生调亏灌溉试验研究 [D]. 沈阳：沈阳农业大学，2018.

[68] 艾鹏睿，马英杰，马亮. 干旱区滴灌枣棉间作模式下枣树棵间蒸发的变化规律 [J]. 生态学报，2018，38 (13)：4761-4769.

[69] 曹林青. 油茶对干旱胁迫的生理生态响应 [D]. 北京：中国林业科学研究院，2017.

[70] 沈媛媛. 不同水分胁迫对核桃叶片 SPAD 及光合特性的影响研究 [D]. 郑州：河南农业大学，2017.

[71] 王晓旭. 不同时期水分胁迫及复水对燕麦产量与生理特性的影响 [D]. 长春：东北师范大学，2019.

[72] 张效星，樊毅，贾悦，等. 水分亏缺对滴灌柑橘光合和产量及水分利用效率的影响 [J]. 农业工程学报，2018，34 (3)：143-150.

[73] 李俊周，乔江方，李梦琪，等. 短时水分胁迫对水稻叶片光合作用的影响 [J]. 干旱地区农业研究，2017，35 (3)：126-129.

[74] 滕志远. 干旱后复水时间对桑树幼苗生长及光系统 II 特性的影响 [D]. 哈尔滨：东北林业大学，2017.

[75] PANIGRAHI P, SRIVASTAVA A K. Effective management of irrigation water in citrus orchards under a water scarce hot sub-humid region [J]. Scientia Horticulturae, 2016, 210: 6-13.

[76] CHANG Y C, CHANG Y S, LIN L H. Response of shoot growth, photosynthetic capacity, flowering, and fruiting of potted "Nagami" kumquat to different regulated deficit irrigation [J]. Horticulture, Environment, and Biotechnology, 2015, 56 (4): 444-454.

[77] 那扎凯提·托乎提，虎胆·吐马尔白，焦萍，等. 不同灌水定额下枣树光合响应特征研究 [J]. 新疆农业大学学报，2019，42 (5)：337-341.

[78] 郑顺生，崔宁博，赵璐，等. 滴灌水分亏缺对猕猴桃生育前期光合特性的影响 [J]. 灌溉排水学报，2020，39 (11)：19-28.

[79] 张效星，樊毅，崔宁博，等. 不同灌水量对滴灌猕猴桃光合、产量与水分利用效率的影响 [J]. 灌溉排水学报，2019，38 (1)：1-7.

［80］ 蔡倩，白伟，郑家明，等．水分胁迫对春玉米光合特性及水分利用效率的影响［J］．辽宁农业科学，2021（5）：1-6.

［81］ 张岁岐，周小平，慕自新，等．不同灌溉制度对玉米根系生长及水分利用效率的影响［J］．农业工程学报，2009，25（10）：1-6.

［82］ 曹慧，许雪峰，韩振海，等．水分胁迫下抗旱性不同的两种苹果属植物光合特性的变化［J］．园艺学报，2004（3）：285-290.

［83］ BEHBOUDIAN M H, LAWES G S, GRIFFITHS K M. The influence of water deficit on water relations, photosynthesis and fruit growth in Asian pear（Pyrus serotina Rehd.）［J］. Scientia Horticulturae, 1994, 60（1-2）: 89-99.

［84］ 张正红，成自勇，张国强，等．调亏灌溉对设施延后栽培葡萄光合速率与蒸腾速率的影响［J］．灌溉排水学报，2014，33（2）：130-133.

［85］ 牟筱玲，鲍啸．土壤水分胁迫对棉花叶片水分状况及光合作用的影响［J］．中国棉花，2003（9）：9-10.

［86］ DODD I C, EGEA G, DAVIES W J. Accounting for sap flow from different parts of the root system improves the prediction of xylem ABA concentration in plants grown with heterogeneous soil moisture［J］. Journal of Experimental Botany, 2008, 59（15）: 4083-4093.

［87］ BOLAND A M, MITCHELL P D, JERIE P H, et al. The effect of regulated deficit irrigation on tree water use and growth of peach［J］. Journal of Pomology & Horticultural Science, 1993, 68（2）: 261-274.

［88］ 李彪，孟兆江，申孝军，等．隔沟调亏灌溉对冬小麦-夏玉米光合特性和产量的影响［J］．灌溉排水学报，2018，37（11）：8-14.

［89］ 郁怡汶．草莓光合作用对水分胁迫响应的生理机制研究［D］．杭州：浙江大学，2003.

［90］ 高秀萍，闫继耀，刘恩科，等．水分胁迫下梨、枣和葡萄叶片中甜菜碱含量的变化［J］．园艺学报，2002（3）：268-270.

［91］ 林植芳，詹姆士·阿勒林格．光、温度、水蒸汽压亏缺及二氧化碳对番木瓜（Carica papaya）光合作用的影响［J］．植物生理学报，1982（4）：363-372.

［92］ 范桂枝，蔡庆生．植物对大气 $CO_2$ 浓度升高的光合适应机理［J］．植物学通报，2005（4）：486-493.

［93］ 张秀梅，杜丽清．葡萄设施栽培中温湿光气的调控［J］．河北果树，2002（5）：28-29.

［94］ 沈东萍．灌溉频率对新疆膜下滴灌高产（≥15000kg/hm$^2$）春玉米生长发育及产量效应的影响研究［D］．石河子：石河子大学，2018.

［95］ 唐利华．调亏灌溉下滴灌甜菜耗水特征及水分生产函数研究［D］．石河子：石河子大学，2019.

［96］ TURNER N C. Further progress in crop water relations［J］. Advances in Agronomy, 1997, 58（8）: 293-338.

［97］ CUI N B, DU T S, KANG S Z, et al. Regulated deficit irrigation improved fruit quality and water use efficiency of pear-jujube trees［J］. Agricultural Water Management, 2008, 95（4）: 489-497.

［98］ 薛道信，张恒嘉，巴玉春，等．绿洲膜下滴灌调亏对马铃薯土壤环境及产量的影响［J］．华北农学报，2017，32（3）：229-238.

[99] TEJERO I G, ZUAZO V H D, BOCANEGRA J A J, et al. Improved water-use efficiency by deficit-irrigation programmes: Implications for saving water in citrus orchards [J]. Scientia Horticulturae, 2011, 128 (3): 274-282.

[100] 王世杰, 张恒嘉, 巴玉春, 等. 调亏灌溉对膜下滴灌辣椒生长及水分利用的影响 [J]. 干旱地区农业研究, 2018, 36 (3): 31-38.

[101] 赵霞, 张芮, 成自勇, 等. 不同生育期调亏灌溉对荒漠绿洲区葡萄生长、产量和品质的影响 [J]. 灌溉排水学报, 2017, 36 (10): 20-23.

[102] LI S H, HUGUET J G, SCHOCH P G, et al. Response of peach tree growth and cropping to soil water deficit at various phenological stages of fruit development [J]. Journal of Horticultural Sc ence, 2015, 64 (5): 541-552.

[103] ROMERO P, BOTIA P, GARCIA F. Effects of regulated deficit irrigation under subsurface drip irrigation conditions on water relations of mature almond trees [J]. Plant and Soil, 2004, 260 (1/2): 155-168.

[104] SPREER W, ONGPRASERT S, HEGELE M, et al. Yield and fruit development in mango (Mangifera indica L. cv. Chok Anan) under different irrigation regimes [J]. Agricultural Water Management, 2009, 96 (4): 574-584.

[105] 姚宁, 宋利兵, 刘健, 等. 不同生长阶段水分胁迫对旱区冬小麦生长发育和产量的影响 [J]. 中国农业科学, 2015, 48 (12): 2379-2389.

[106] 王书吉, 李彦岭, 刘婧然. 不同调亏模式对冬小麦产量形成的影响 [J]. 节水灌溉, 2016 (3): 31-34.

[107] SOUZA P J O P, RAMOS T F, FIEL L D C S, et al. Yield and water use efficiency of cowpea under water deficit [J]. Revista Brasileira de Engenharia Agrícola e Ambiental, 2019, 23 (2): 119-125.

[108] 万文亮, 郭鹏飞, 胡语妍, 等. 调亏灌溉对新疆滴灌春小麦土壤水分及产量的影响 [C]//中国作物学会. 2019 年中国作物学会学术年会论文摘要集. 2019: 2.

[109] 黄兴法, 李光永, 王小伟, 等. 充分灌与调亏灌溉条件下苹果树微喷灌的耗水量研究 [J]. 农业工程学报, 2001 (5): 43-47.

[110] 王玉才, 张恒嘉, 邓浩亮, 等. 调亏灌溉下菘蓝耗水量变化特征 [J]. 水土保持通报, 2019, 39 (2): 167-171.

[111] 李光永, 王小伟, 黄兴法, 等. 充分灌与调亏灌溉条件下桃树滴灌的耗水量研究 [J]. 水利学报, 2001 (9): 55-58.

[112] 侯鹏飞. 辽宁中部地区水稻调亏灌溉增产试验研究 [J]. 东北水利水电, 2020, 38 (11): 57-59.

[113] 潘小番, 张恒嘉, 邓浩亮, 等. 河西绿洲不同生育期调亏灌溉对马铃薯生长、产量及品质的影响 [J]. 农业工程, 2021, 11 (2): 130-136.

[114] 李欢. 调亏灌溉条件下玉米耗水规律及灌溉方案评价试验研究 [D]. 哈尔滨: 东北农业大学, 2016.

[115] 钟韵, 费良军, 曾健, 等. 根域水分亏缺对涌泉灌苹果幼树产量品质和节水的影响 [J]. 农业工程学报, 2019, 35 (21): 78-87.

[116] 刘宗强, 李就好, 姚彦欣, 等. 调亏灌溉条件下甘蔗耗水规律试验研究 [J]. 水资源与水工程学报, 2011, 22 (4): 173-175.

[117] 徐丽萍，张朝晖. 基于 Hydrus-1D 的滴灌土壤水分运移数值模拟 [J]. 节水灌溉，2019 (2)：64-67.

[118] 迟卉，白云，汪海涛，等. HYDRUS-3D 在土壤水分入渗过程模拟中的应用 [J]. 计算机与应用化学，2014，31 (5)：531-535.

[119] SIMUNEK J, VAN GENUCHTEN M T, SEJNA M. Recent developments and applications of the HYDRUS computer software packages [J]. Vadose Zone Journal, 2016, 6 (7)：1-25.

[120] 薛道信. 荒漠绿洲膜下滴灌调亏马铃薯水生产力研究 [D]. 兰州：甘肃农业大学，2017.

[121] 毋海梅，闫浩芳，张川，等. 温室滴灌黄瓜产量和水分利用效率对水分胁迫的响应 [J]. 农业工程学报，2020，36 (9)：84-93.

[122] 王泽义，张恒嘉，王玉才，等. 板蓝根耗水特性和其产量及品质对膜下滴灌调亏的响应 [J]. 水土保持学报，2020，34 (3)：318-325.

[123] HUESO J J, CUEVAS J. Loquat as a crop model for successful deficit irrigation [J]. Irrigation Science, 2008, 26 (3)：269-276.

[124] ZHANG D, ZHEN L, LIU S, et al. Effects of deficit irrigation and plant density on the growth, yield and fiber quality of irrigated cotton [J]. Field Crops Research, 2016, 197：1-9.

[125] GARG N K, DADHICH S M. Integrated non-linear model for optimal cropping pattern and irrigation scheduling under deficit irrigation [J]. Agricultural Water Management, 2014, 140 (1)：1-13.

[126] 李绍华. 果树生长发育、产量和果实品质对水分胁迫反应的敏感期及节水灌溉 [J]. 植物生理学通讯，1993 (1)：10-16.

[127] 曹慧，兰彦平，王孝威，等. 果树水分胁迫研究进展 [J]. 果树学报，2001 (2)：110-114.

[128] FERNÁNDEZ J E, DÍAZ-ESPEJO A, INFANTE J M, et al. Water relations and gas exchange in olive trees under regulated deficit irrigation and partial rootzone drying [J]. Plant & Soil, 2006, 284 (1/2)：273-291.

[129] LÓPEZ-URREA R, MONTORO A, MAÑAS F, et al. Evapotranspiration and crop coefficients from lysimeter measurements of mature "Tempranillo" wine grapes [J]. Agricultural Water Management, 2012, 112 (112)：13-20.

[130] SANTESTEBAN L G, MIRANDA C, ROYO J B. Regulated deficit irrigation effects on growth, yield, grape quality and individual anthocyanin composition in Vitis vinifera L. cv. "Tempranillo" [J]. Agricultural Water Management, 2011, 98 (7)：1171-1179.

[131] SANTOS T P D, LOPES C M, RODRIGUES M L, et al. Effects of deficit irrigation strategies on cluster microclimate for improving fruit composition of Moscatel field-grown grapevines [J]. Scientia Horticulturae, 2007, 112 (3)：321-330.

[132] DAYER S, PRIETO J A, GALAT E, et al. Carbohydrate reserve status of Malbec grapevines after several years of regulated deficit irrigation and crop load regulation [J]. Australian Journal of Grape & Wine Research, 2013, 19 (3)：422-430.

[133] ROMERO P, FERNÁNDEZFERNÁNDEZ J I, MARTINEZCUTILLAS A. Physiological

thresholds for efficient regulated deficit - irrigation management in winegrapes grown under semiarid conditions [J]. American Journal of Enology & Viticulture, 2010, 61 (3): 300 - 312.

[134] 王玉阳, 陈亚鹏. 植物根系吸水模型研究进展 [J]. 草业学报, 2017, 26 (3): 214 - 225.

[135] 朱李英, 孙西欢, 马娟娟. 植物根系吸水模型的研究进展 [J]. 科技情报开发与经济, 2006 (5): 150 - 152.

[136] 吉喜斌, 康尔泗, 陈仁升, 等. 植物根系吸水模型研究进展 [J]. 西北植物学报, 2006 (5): 1079 - 1086.

[137] 孟兆江, 段爱旺, 王晓森, 等. 调亏灌溉对棉花根冠生长关系的影响 [J]. 农业机械学报, 2016, 47 (4): 99 - 104.

[138] 张承林, 付子轼. 水分胁迫对荔枝幼树根系与梢生长的影响 [J]. 果树学报, 2005 (4): 339 - 342.

[139] 魏永霞, 马瑛瑛, 刘慧, 等. 调亏灌溉下滴灌玉米植株与土壤水分及节水增产效应 [J]. 农业机械学报, 2018, 49 (3): 252 - 260.

[140] 易晓丽, 曹红霞, 王雪梅, 等. 温室梨枣树土壤水分和品质对调亏灌溉的响应 [J]. 灌溉排水学报, 2012, 31 (3): 68 - 71.

[141] 武阳, 赵智, 王伟, 等. 调亏灌溉和灌溉方式对香梨树吸收根系重分布的影响 [J]. 农业机械学报, 2017, 48 (5): 244 - 250, 257.

[142] 郭相平, 康绍忠, 索丽生. 苗期调亏处理对玉米根系生长影响的试验研究 [J]. 灌溉排水, 2001 (1): 25 - 27.

[143] 丁鑫, 姚帮松, 裴毅, 等. 增氧-调亏灌溉对芦笋根系生长的影响 [J]. 江西农业大学学报, 2019, 41 (3): 476 - 483.

[144] 胡剑, 孟维忠. 调亏灌溉和施用生物炭对大豆根系生长及耗水的影响 [J]. 农业科技与装备, 2020 (5): 3 - 6.

[145] 阮三桂, 姚帮松, 肖卫华, 等. 调亏灌溉对超级稻 "深两优 5814" 孕穗期根系生长的影响 [J]. 中国农学通报, 2017, 33 (9): 7 - 11.

[146] DAMATTA F M, LOOS R A, SILVA E A, et al. Effects of soil water deficit and nitrogen nutrition on water relations and photosynthesis of pot - grown Coffea canephora Pierre [J]. Trees Structure & Function, 2002, 16 (8): 555 - 558.

[147] 虎胆·吐马尔白, 王一民, 牟洪臣, 等. 膜下滴灌棉花根系吸水模型研究 [J]. 干旱地区农业研究, 2012, 30 (1): 66 - 70.

[148] 王一民, 虎胆·吐马尔白, 弋鹏飞, 等. 膜下滴灌棉花根系吸水模型的建立 [J]. 水土保持通报, 2011, 31 (1): 137 - 140.

[149] 李楠, 廖康, 成小龙, 等. "库尔勒香梨" 根系分布特征研究 [J]. 果树学报, 2012, 29 (6): 1036 - 1039.

[150] WU Y, ZHAO Z, ZHAO F, et al. Response of pear trees' (pyrus bretschneideri "sinkiangensis") fine roots to a soil water regime of regulated deficit irrigation [J]. Agronomy, 2021, 11 (11).

[151] 宋锋惠, 罗达, 李嘉诚, 等. 黑核桃根系分布特征研究 [J]. 新疆农业科学, 2018, 55 (4): 682 - 688.

[152] 王磊，马英杰，赵经华，等. 干旱区滴灌核桃树有效吸水根系的分布与模拟研究 [J]. 节水灌溉，2013（10）：17－20.

[153] 李建兴，何丙辉，谌芸. 不同护坡草本植物的根系特征及对土壤渗透性的影响 [J]. 生态学报，2013，33（5）：1535－1544.

[154] YEATON R I, TRAVIS J, GILINSKY E. Competition and spacing in plant communi-ties: The Arizona upland association [J]. Journal of Ecology，1977，65：587－595.

[155] 卫新东，汪星，汪有科，等. 黄土丘陵区红枣经济林根系分布与土壤水分关系研究 [J]. 农业机械学报，2015，46（4）：88－97.

[156] GYSSELS G, POESEN J. The importance of plant root characteristics in controlling concentrated flow erosion rates [J]. Earth Surface Processes & Landforms，2010，28（4）：371－384.

[157] STOKES A, ATGER C, BENGOUGH A G, et al. Desirable plant root traits for pro-tecting natural and engineered slopes against landslides [J]. Plant & Soil，2009，324（1－2）：1－30.

[158] 张宇清，朱清科，齐实，等. 梯田埝坎立地植物根系分布特征及其对土壤水分的影响 [J]. 生态学报，2005，25（3）：500－506.

[159] 刘晓丽，马理辉，杨荣慧，等. 黄土半干旱区枣林深层土壤水分消耗特征 [J]. 农业机械学报，2014，45（12）：139－145.

[160] 黄建辉，韩兴国，陈灵芝. 森林生态系统根系生物量研究进展 [J]. 生态学报，1999，19（2）：270－277.

[161] 吴彦，刘世全，付秀琴，等. 植物根系提高土壤水稳性团粒含量的研究 [J]. 水土保持学报，1997，11（1）：45－49.

[162] 蒋定生，范兴科，李新华，等. 黄土高原水土流失严重地区土壤抗冲性的水平和垂直变化规律研究 [J]. 水土保持学报，1995，9（2）：1－8.

[163] 寇萌，焦菊英，王巧利，等. 黄土丘陵沟壑区不同植被带植物群落的细根分布特征 [J]. 农业机械学报，2016，47（2）：161－171.

[164] 邹衡，谢永生，骆汉，等. 关中平原不同土壤类型猕猴桃园根系空间分布特征 [J]. 中国果树，2022（6）：25－30，54.

[165] 蒋敏，孙博瑞，周少梁，等. 不同灌水深度条件下枣树根系空间分布及土壤水分研究 [J]. 北方园艺，2022（6）：77－83.

[166] 李宏，董华，郭光华，等. 阿克苏红富士苹果盛果期根系空间分布规律 [J]. 经济林研究，2013，31（2）：78－85.

[167] van DAM J C, GROENENDIJK P, HENDRIKS R F A, et al. Advances of modeling water flow in variably saturated soils with SWAP [J]. Va-dose Zone Journal，2008，7（2）：640－653.

[168] KADYAMPAKENI D M, MORGAN K T, PETER N K, et al. Modeling water and nutrient movement in sandy soils using HYDRUS－2D [J]. Journal of Environmental Quality，2018，47（6）：1546－1553.

[169] van GENUCHTEN M T. Mass transport in saturated－unsaturated media: one－di-mensional solutions [R]. Princeton: Princeton University，1978.

[170] van GENUCHTEN M T. A numerical model for water and solute movement in and be-

low the root zone [R]. California：US Salinity Laboratory，1987.

[171] VOGEL T. SWMII – Numerical model of two – dimensional flow in a variably saturated porous medium [R]. Wageningen：Wageningen Agricultural University，1988.

[172] KOOL J B，van Genuchten M T. One – dimensional variably saturated flow and transport model including hysteresis and root water uptake. Version 3. 3 [R]. California：US Salinity Laboratory，1989.

[173] SIMUNEK J，GENUCHTEN M T V，SEJNA M. The HYDRUS – 1D software package for simulating the one – dimensional movement of water，heat，and multiple solutes in variably – saturated media [J]. 1999.

[174] 李泽霞，成自勇，张芮，等. 不同灌水上限对酿酒葡萄生长、产量及品质的影响 [J]. 灌溉排水学报，2015，34（6）：83 – 85.

[175] 张瑞，李鹏展，王力. 黄土旱塬区土壤水分状况与作物生长、降水的关系 [J]. 应用生态学报，2019，30（2）：359 – 369.

[176] 张盼飞，宋宇琴，李洁，等. 梨耗水规律研究进展 [J]. 中国园艺文摘，2015，31（4）：46 – 49.

[177] 艾鹏睿，马英杰. 间作模式农田小气候效应对棉花生理生态指标的影响 [J]. 新疆农业科学，2021，58（9）：1594 – 1602.

[178] 秦军红，庞保平，蒙美莲，等. 马铃薯膜下滴灌耗水规律的研究 [J]. 灌溉排水学报，2013，32（1）：47 – 50.

[179] 张琼，李光永，柴付军. 棉花膜下滴灌条件下灌水频率对土壤水盐分布和棉花生长的影响 [J]. 水利学报，2004（9）：123 – 126.

[180] 夏桂敏，李永发，王淑君，等. 生物炭基肥和调亏灌溉互作对花生根冠比及水分利用效率的影响 [J]. 沈阳农业大学学报，2018，49（3）：315 – 321.

[181] 张馨月，王寅，陈健，等. 水分和氮素对玉米苗期生长、根系形态及分布的影响 [J]. 中国农业科学，2019，52（1）：34 – 44.

[182] 马金平，王卫锋，朱宝才，等. 灌水定额对覆膜滴灌玉米根系分布和籽粒产量的影响 [J]. 中国水土保持科学，2018，16（6）：64 – 70.

[183] 谭敏，余永富，胡正峰，等. 根系分布形式和土壤质地对作物蒸腾量影响的模拟研究 [J]. 浙江农业学报，2018，30（8）：1382 – 1388.

[184] VRUGT J A，HOPMANS J W，ŠIMUNEK J. Calibration of a Two – Dimensional Root Water Uptake Model [J]. Fluid Phase Equilibria，2001，65（65）：1027 – 1037.

[185] 李丹，赵经华，付秋萍，等. 滴灌条件下核桃园土壤水分动态变化的数值模拟研究 [J]. 干旱地区农业研究，2016，34（6）：110 – 116.

[186] 师德扬，韩芳芳. 浅谈新疆缺水地区地下水的开发利用 [J]. 西部探矿工程，2014，26（3）：59 – 63.

[187] 姜献德. 节水型灌溉是解决新疆缺水的重要途径 [J]. 中国水利，1986（11）：16 – 17.

[188] 段淋渊，华楠，何昕孺，等. 枸杞光合作用的研究进展 [J]. 宁夏农林科技，2018，59（6）：19 – 21.

[189] 叶子飘，于强. 光合作用光响应模型的比较 [J]. 植物生态学报，2008，32（6）：1356 – 1361.

[190] AWADA T, RADOGLOU K, FOTELLI M N, et al. Ecophysiology of seedlings of three Mediterranean pine species in contrasting light regimes [J]. Tree Physiology, 2003, 23 (1): 33-41.

[191] 严巧娣，苏培玺. 不同土壤水分条件下葡萄叶片光合特性的比较 [J]. 西北植物学报，2005, 25 (8): 1601-1606.

[192] 孙龙飞. 水稻根系干旱胁迫对叶片光合荧光特性的影响 [D]. 郑州：河南农业大学，2013.

[193] 张正红，成自勇，张芮，等. 不同生育期水分胁迫对设施延后栽培葡萄光合特性的影响 [J]. 干旱地区农业研究，2013, 31 (5): 227-232.

[194] 郑睿，康绍忠，胡笑涛，等. 水氮处理对荒漠绿洲区酿酒葡萄光合特性与产量的影响 [J]. 农业工程学报，2013, 29 (4): 133-141.

[195] 郭自春，曾凡江，刘波，等. 灌溉量对2种灌木光合特性和水分利用效率的影响 [J]. 中国沙漠，2014, 34 (2): 448-455.

[196] 关义新，戴俊英，林艳. 水分胁迫下植物叶片光合的气孔和非气孔限制 [J]. 植物生理学通讯，1995 (4): 293-297.

[197] LAWLOR D W, CORNIC G. Photosynthetic carbon assimilation and associated metabolism in relation to water deficits in higher plants [J]. Plant Cell & Environment, 2010, 25 (2): 275-294.

[198] 张乐，尹娟，王怀博，等. 不同灌水处理对玉米生长特性及水分利用效率的影响 [J]. 灌溉排水学报，2018, 37 (2): 24-29.

[199] 郑盛华. 水分胁迫对玉米生理生态特性影响的研究 [D]. 北京：中国农业科学院，2007: 2-10.

[200] 苏康妮，马雨荷，廖晨宇，等. 核桃/玉米间作对植物光合日变化、地上部及根系特性的影响 [J]. 分子植物育种，2022, 20 (15): 5213-5220.

[201] 王庆成，刘开昌，张秀清，等. 玉米的群体光合作用 [J]. 玉米科学，2001, 9 (4): 57-61.

[202] 孟天天，杜香玉，张向前，等. 灌水量对玉米大喇叭口期光合日变化及干物质积累的影响 [J]. 灌溉排水学报，2022, 41 (S2): 9-16.

[203] 赵丽英，邓西平，山仑. 水分亏缺下作物补偿效应类型及机制研究概述 [J]. 应用生态学报，2004, 15 (3): 523-526.

[204] 张凯，陈年来，韩国君，等. 调亏灌溉下番茄叶片气体交换日变化和光响应特性 [J]. 中国沙漠，2015, 35 (4): 923-929.

[205] FARQUHAR G D, SHARKEY T D. Stomatal conductance and photosynthesis [J]. Annual Reviews of Plant Physiology, 2003, 33 (33): 317-345.

[206] 牛铁泉，田给林，薛仿正，等. 半根及半根交替水分胁迫对苹果幼苗光合作用的影响 [J]. 中国农业科学，2007, 40 (7): 1463-1468.

[207] 毛妮妮，苏西娅，任俊鹏，等. 水分调亏对"夏黑"葡萄叶片形态及光合特性的影响 [J]. 江苏农业科学，2022, 50 (16): 133-138.

[208] 赵经华. 干旱区成龄核桃微灌技术与根区土壤水分模拟研究 [D]. 乌鲁木齐：新疆农业大学，2016.

[209] 刘国顺，王行，史宏志，等. 不同灌水方式对烤烟光合作用的影响 [J]. 灌溉排水学

报，2009，28（3）：85-88.

[210] 冯贝贝，魏雅君，耿文娟，等. 欧洲李枝叶生长与果实发育动态相关性研究 [J]. 中国农学通报，2018，34（14）：53-60.

[211] 陈玉明，史梦琪，张琮，等. 耐淹砧木对猕猴桃枝叶生长及淹水胁迫的生理影响 [J]. 湖北农业科学，2018，57（8）：77-80.

[212] 金方伦，杨胜特，罗朝斌，等. 桑树新梢与叶片的生长发育动态分析 [J]. 贵州农业科学，2018，46（12）：90-95.

[213] 李晶，李华，王华. 不同生育期水分亏缺对'赤霞珠'耗水及果实品质的影响 [J]. 西北农业学报，2018，27（5）：727-734.

[214] 高敏. 不同生育期亏缺灌溉对葡萄生长及耗水特性的影响 [J]. 中国果业信息，2017，34（5）：61.

[215] 郑踊谦，董恒，张城芳，等. 植被指数与作物叶面积指数的相关关系研究 [J]. 农机化研究，2019，41（10）：1-6.

[216] 刘敏杰，曹彪. 寒旱区不同灌水处理对紫花苜蓿叶面积指数影响研究 [J]. 水利科学与寒区工程，2018，1（11）：5-10.

[217] 费聪，李飞飞，吕尊富. 水稻不同时期群体指标与产量的关系研究 [J]. 安徽农学通报，2018，24（23）：33-36.

[218] 杨虎，戈长水，应武，等. 遮荫对水稻冠层叶片 SPAD 值及光合、形态特性参数的影响 [J]. 植物营养与肥料学报，2014，20（3）：580-587.

[219] 冀爱青，朱超，彭功波，等. 不同早实核桃品种叶片矿质元素含量变化及其与产量的关系 [J]. 植物营养与肥料学报，2013，19（5）：1234-1240.

[220] 乔旭，赵奇，雷钧杰，等. 核桃-小麦间作对小麦生长发育及产量形成的影响 [J]. 麦类作物学报，2012，32（4）：734-738.

[221] 王晓玥，孙磊，闫爱玲，等. 两种新型灌溉制度：调控亏缺灌溉（RDI）和交替根区灌溉（APRI）在葡萄上应用的研究进展 [J]. 果树学报，2016，33（8）：1014-1022.

[222] 周罕觅，张富仓，ROGER K，等. 水肥耦合对苹果幼树产量、品质和水肥利用的效应 [J]. 农业机械学报，2015，46（12）：173-183.

[223] P·D·MITCHELL，柯冠武. 调节水分亏缺对梨树的树体生长、开花、果实发育和产量的效应 [J]. 福建果树，1985（3）：43-44.

[224] HERBINGER K，TAUSZ M，WONISCH A，et al. Complex interactive effects of drought and ozone stress on the antioxidant defence systems of two wheat cultivars [J]. Plant Physiology & Biochemistry，2002，40（6）：691-696.

[225] HARSH，NAYYAR，SMITA，et al. Differential Sensitivity of Macrocarpa and Microcarpa Types of Chickpea (Cicer arietinum L. ) to Water Stress：Association of Contrasting Stress Response with Oxidative Injury [J]. Journal of Integrative Plant Biology，2006，48（11）：1318-1329.

[226] GARTUNG D W. Infrared canopy temperature of early-ripening peach trees under postharvest deficit irrigation [J]. Agricultural Water Management，2010.

[227] 范妍芹. 甜椒落花落果的原因及防治措施 [J]. 河北农业科技，1989（8）：9-10.

[228] 刘惠珍，光志琼. 核桃落花落果规律观察及保花保果措施研究 [J]. 陕西林业科技，

2008 (2): 24 – 27.

[229] MORISON J I L, BAKER N R, MULLINEAUX P M, et al. Improving water use in crop production [J]. Philosophical Transactions of the Royal Society B: Biological Sciences, 2008, 363 (1491): 639 – 658.

[230] 崔宁博. 西北半干旱区梨枣树水分高效利用机制与最优调亏灌溉模式研究 [D]. 杨凌: 西北农林科技大学, 2009.

[231] 武阳, 王伟, 黄兴法, 等. 亏缺灌溉对成龄库尔勒香梨产量与根系生长的影响 [J]. 农业机械学报, 2012, 43 (9): 78 – 84.

[232] 徐胜利, 陈小青. 膜下调亏灌溉对香梨产量和品质的影响 [J]. 新疆农业科学, 2003 (1): 6 – 9.

[233] 冯泽洋. 调亏灌溉对滴灌甜菜生理性能和产量的影响 [D]. 呼和浩特: 内蒙古农业大学, 2017.

[234] 刘钧庆. 调亏灌溉滴灌核桃树根区土壤水分模拟及生长特性研究 [D]. 乌鲁木齐: 新疆农业大学, 2023.

[235] ZHANG H, WANG D. Management of postharvest deficit irrigation of peach trees using infrared canopy temperature [J]. Vadose Zone Journal, 2013, 12 (3): 1712 – 1717.

[236] 崔宁博, 杜太生, 李忠亭, 等. 不同生育期调亏灌溉对温室梨枣品质的影响 [J]. 农业工程学报, 2009, 25 (7): 32 – 38.

[237] CHALMERS D J, BURGE G, JERIE P H, et al. The mechanism of regulation of "Bartlett" pear fruit and vegetative growth by irrigation with holding and regulated deficit irrigation [J]. Journal of the American Society for Horticultural Science, 1986, 111 (6): 904 – 907.

[238] 张泽宇, 曹红霞, 何子建, 等. 基于 AHP – EWM – TOPSIS 的温室辣椒最佳调亏灌溉方案优化研究 [J]. 干旱地区农业研究, 2023, 41 (1): 111 – 120.

[239] CUEVAS J, CANETE M L, PINILLOS V, et al. Optimal dates for regulated deficit irrigation in "Algerie" loquat (Eriobotrya japonica Lindl.) cultivated in Southeast Spain [J], Agricultural Water Management, 2007, 89: 131 – 136.

[240] 周晨莉, 张恒嘉, 巴玉春, 等. 调亏灌溉对膜下滴灌菘蓝生长发育和产量的影响 [J]. 水土保持学报, 2020, 34 (4): 193 – 200.

[241] 依提卡尔·阿不都沙拉木, 朱成立, 柳智鹏, 等. 调亏灌溉对枣树生长与果实品质和产量的影响 [J]. 排灌机械工程学报, 2018, 36 (10): 948 – 951, 957.

[242] 李炫臻, 张恒嘉, 邓浩亮, 等. 膜下滴灌调亏对绿洲马铃薯生物量分配、产量和水分利用效率的影响 [J]. 华北农学报, 2015, 30 (5): 223 – 231.

[243] 郝远远, 徐旭, 黄权中, 等. 土壤水盐与玉米产量对地下水埋深及灌溉响应模拟 [J]. 农业工程学报, 2014, 30 (20): 128 – 136.

[244] 席本野, 贾黎明, 刘寅, 等. 宽窄行栽植模式下三倍体毛白杨吸水根系的空间分布与模拟 [J]. 浙江林学院学报, 2010, 27 (2): 259 – 265.

[245] 张威贤, 孙西欢, 马娟娟, 等. 蓄水坑灌下不同灌水上限对苹果树吸水根系和产量的影响 [J]. 节水灌溉, 2021 (1): 53 – 59.

[246] 海兴岩, 张泽, 马革新, 等. 不同灌溉方式对棉花细根动态变化的影响研究 [J]. 灌

溉排水学报，2017，36（11）：1-6.

[247] 宋小林，吴普特，赵西宁，等. 黄土高原肥水坑施技术下苹果树根系及土壤水分布 [J]. 农业工程学报，2016，32（7）：121-128.

[248] 代智光. 基于 Hydrus-2D 的红壤区涌泉根灌自由入渗土壤水分运移数值模拟 [J]. 干旱地区农业研究，2020，38（4）：27-31.

[249] 孙媛，董晓华，郭梁锋，等. 不同降雨条件下土壤水运动及再分布模拟研究 [J]. 灌溉排水学报，2018，37（S2）：74-80.

[250] 马波，周青云，张宝忠，等. 基于 HYDRUS-2D 的滨海地区膜下滴灌土壤水盐运移模拟研究 [J]. 干旱地区农业研究，2020，38（5）：182-191.

[251] 焦萍. 滴灌成龄核桃根系吸水数值模拟与应用研究 [D]. 乌鲁木齐：新疆农业大学，2020.

[252] 王磊，马英杰，赵经华，等. 干旱区滴灌核桃树根系空间分布特性研究 [J]. 水资源与水工程学报，2013，24（5）：92-95.

[253] 杨胜利，刘洪禄，郝仲勇，等. 畦灌条件下樱桃树根系的空间分布特征 [J]. 农业工程学报，2009，25（1）：34-38.

[254] 张瑞芳，张爱军，王红，等. 河流故道区梨树根系分布规律研究 [J]. 生态农业科学，2006，22（4）：382-384.

[255] 陈高安，潘存德，王世伟，等. 间作条件下杏树吸收根空间分布特征 [J]. 新疆农业科学，2011，48（5）：821-825.

[256] WANG Y, YIN W, HU F, et al. Interspecies interaction intensity influences water consumption in wheat/maize intercropping by regulating root length density [J]. Crop Science, 2021.

[257] 黄林，王峰，周立江，等. 不同森林类型根系分布与土壤性质的关系 [J]. 生态学报，2012，32（19）：6110-6119.

[258] 焦萍，虎胆·吐马尔白，米力夏提·米那多拉. 南疆成龄核桃滴灌条件下根区土壤水分运动数值模拟 [J]. 灌溉排水学报，2020，39（6）：51-59.

[259] 焦萍，虎胆·吐马尔白，米力夏提·米那多拉，等. 不同灌溉定额下核桃根区土壤水分动态变化 [J]. 新疆农业大学学报，2018，41（3）：204-209.

[260] 姚鹏亮，董新光，郭开政，等. 滴灌条件下干旱区枣树根区的土壤水分动态模拟 [J]. 西北农林科技大学学报（自然科学版），2011，39（10）：149-156.

[261] 张纪圆. 调亏灌溉对滴灌核桃树生理生态及根系模拟的研究 [D]. 乌鲁木齐：新疆农业大学，2021.

[262] 李丹. 滴灌对核桃树生长特性及根区土壤水分影响效应研究 [D]. 乌鲁木齐：新疆农业大学，2016.

[263] 丁运韬，程煜，张体彬，等. 利用 HYDRUS-2D 模拟膜下滴灌玉米农田深层土壤水分动态与根系吸水 [J]. 干旱地区农业研究，2021，39（3）：23-32.